這本書獻給茉莉・多布爾，
我所有讓科學變好玩的本事，
還有烤出美味
托斯卡尼麵包丁的做法，
都是向她學來的。

AWESOM KITCHEN SCIENCE
EXPERIMENTS FOR KIDS
50 STEAM PROJECTS YOU CAN EAT!

5大主題×
50款料理
成為廚房裡的
小小科學家

小學生 STEAM 廚房科學 創客教室

作者 梅根·奧莉薇亞·霍爾
Megan Olivia Hall
譯者 穆允宜

目錄

推薦序

廚房是科學家的搖籃，體現 STEAM教育的核心理念

——王湘妤，亞太STEM教育協會、創會理事長

有一句廣告詞是這樣說：科技，始終來自於人性！科技的進步源自於人們對於更好更便利的生活的追求，這股力量驅動著各項技術的進步。

看過了這本書，我想說：廚房是培養科學家的搖籃！食物與我們每天的生活息息相關。追求美食更是人類沒有停止過的行為，許多偉大的發明，也都與廚房裡的需求關係密切，例如：廚餘處理機、烤箱、氣炸鍋、微波爐等。

記得剛剛開始在幼兒園工作時，自己也還像個孩子，最喜歡帶著小朋友一起進行烹飪活動，舉凡做餅乾、果凍、氣泡飲料、烤鬆餅、還有搭配節慶少不了的月餅、蛋黃酥、糖果屋、薑餅人、搓湯圓、滾元宵等，這些活動從準備材料、製作過程到最後的裝飾完成，簡直就像是一趟冒險之旅，經常在上課前自己要先嘗試過好幾回，就像做科學實驗一般，有些還要非常精準的拿捏材料比例，有些則是非常注重製作的順序和流程，才能確保成功順利！

這本書裡蒐集了50個簡單又常見的範例，材料與工具都是家庭裡的廚房很容易取得的，製作方法也易於理解。在期待美食與享受動手做的過程中，**書中提供了這些料理製作背後的原理，或是可以進行觀察的各種變化，製作過程中需要運用到許多數學的概念與基礎能力**，在製作的空檔或等候的時間裡，不管是家長或是老師，都可以帶著孩子一起探究這些美食背後相關的科學；技術運用、以及數學等概念。 廚房裡的科學，有幾個不同層面的意義與價值，除了這些料理的原料與製作過程，包含一些科學的概念，提供孩子觀察、實驗、紀錄的經驗，從另一個角度來看，要想做出美味的食物或料理，也需要搭配科學、數學以及工程的能力與概念，從材料的選擇到製作的過程順序、調味的比例、甚至到最後的組合與搭配，都是一門藝術也是一門學問。

這些廚房裡的活動，更是STEAM教育的經典例子，要完成這些料理的實驗，必須運用這些學科的基礎知識，也可能是在進行料理的過程，習

得這些能力。而這些都是在動手進行料理的過程中發生，充分地與生活經驗緊密的結合，在孩子完成料理的同時，既是五感的運用，也是跨領域與生活經驗連結的最佳表現，而這些恰恰是體現STEAM教育的核心理念。

　　善用這本書，能為您和孩子創造美好的食物與科學實驗之旅，也讓孩子從生活中感受到STEAM教育的魅力！

前言
給家長的話

　　這本書將介紹一系列有創意又美味的STEAM實驗。和孩子一起做科學實驗、一起烹飪，是種非常特別的經驗，不但有很多讓人大叫「啊哈！」的驚喜時刻，還可以做出好吃的食物。而且，孩子在家中廚房就能練習科學和工程的重要技巧。

　　寫出這本書的初衷，是希望每個孩子都能體驗探索數據資料的過程，並且將STEAM知識與日常生活連結在一起。很多小孩都以為STEAM的教學模式不適合自己，但其實每個孩子都有能力提出問題、觀察事物，並根據實作學習得到的結果提出解釋。**在這樣的過程中，我們的小小廚房科學家會體驗到STEAM真正的意涵，發掘自己身為科學家和工程師的潛力。**

　　每篇實驗的開頭，都會列出需要大人幫忙的程度，讓您可以預先規畫安排。也會特別註明對孩子來說太危險的廚房工作，您可以事先切好蔬菜或將烤箱預熱好，再讓孩子上場。每篇實驗也都提供了「進階挑戰」單元，讓年紀比較大的孩子可以嘗試難度更高的版本。如果您是和比較年幼的孩子一起做實驗，不妨在開始動手前先讀過內容，看看是否要建議孩子挑戰進階版的實驗。請特別留意實驗是否需要家長陪同、使用護目鏡，或是需要其他安全措施。一般來說，凡是需要切菜或是使用火爐或烤箱的實驗，難度都會標示為中等或進階，表示需要家長陪同操作。

　　收錄於詞彙表中的字詞，在第一次出現時會以粗體標示，不過您和孩子可能不是依照順序做實驗。所以如果孩子看到不認識的字詞，不妨提醒他們在查字典前先看看詞彙表，說不定裡面就有！

　　雖然許多實驗只需要大人幫一點點忙，或是完全不需要大人陪同，但您也許會發現，和孩子一起做實驗（還有吃掉成品）非常有趣。我和十歲的兒子狄倫已經做過書中大部分的實驗，四歲的女兒羅莎莉也來幫忙過好幾次。**我們一起烹飪、討論實驗的過程，還有大口吃掉實驗成品，度過許多美好的時光。**如果您和我一樣對食物充滿熱情，請參閱「學習資源」章節，裡面有很多關於食品科學的書籍，適合大人閱讀。

科學總是伴隨著混亂，即使出錯也不意外。如果實驗的發展出乎預料之外，沒關係，這就是STEAM。別預期每次實驗成果都會漂漂亮亮或完美無瑕，但可以期待過程會很好玩。STEAM專家都知道，實驗失敗不代表科學家失敗了，反而是科學家的勝利。遇上各種意料之外的事情，就是發掘新知的方式。當小小食品科學家第一次碰到實驗品爆炸（不管是真的爆炸還是比喻），別忘了和他們擊個掌，並且好好享受這個樂趣！

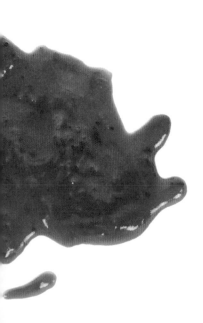

前言
給孩子的話

我是梅根‧奧莉薇亞‧霍爾博士，可以叫我梅根。我一直很熱愛食物，因為我這個人很愛吃。我從七歲就開始煮東西，拿手菜是起司通心粉跟漢堡。高中時，我就負責為全家人煮飯，也負責採買食材雜貨。

我在大學念生物學的時候，發現到自己有多麼熱愛科學。生物學的魔力，帶領我成為科學老師，而教學的過程又讓我迷上科技、工程和數學。過去20年來，我很幸運的與聖保羅公立學校（St. Paul Public Schools）幾千位充滿好奇心的孩子一起學習成長。在命運的巧妙安排之下，我在實驗室度過的這幾年，讓我的廚藝更加精進。

現在，我很高興能和你分享我的廚房科學知識。這本書中，有50個可以吃掉成果的實驗。有些實驗很瘋狂，有些實驗很奇怪，但全都與STEAM有關。希望這50個實驗可以讓你玩得非常開心，也希望你在廚房操作實驗的過程中，會發現自己是多麼出色的科學家。

最後，我還有一個任務要交給你：要下廚時，不妨找其他人一起來吧！你可以邀請朋友、兄弟姊妹、鄰居，甚至是（深吸一口氣！）你的爸媽。STEAM挑戰的宗旨是與人分享，而且這些實驗大部分都可以做出二到四人份的食物。跟親朋好友一起下廚和吃東西，是我最珍貴的回憶之一，就像下雪的冬日裡剛出爐的熱騰騰餅乾一樣，溫暖著我的心。

希望這些美味實驗也可以溫暖你的心！

第1章

準備開動！

LET'S DIG IN

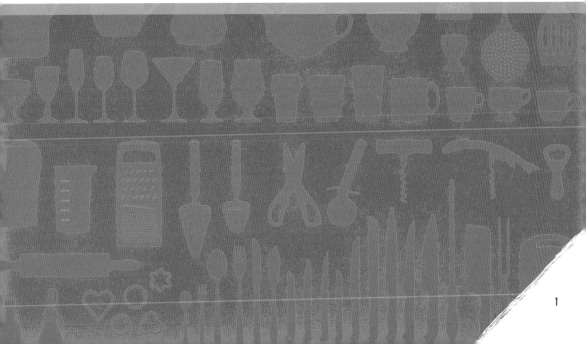

科學，就是透過提出問題和找出答案來認識大自然的世界。如果想研究問題，並且探索**科學、科技、工程、藝術**和**數學**這些領域（又稱為STEAM），食物是非常適合且美味的方式。有很多類型的科學可以解釋食物的烹飪方式、味道，甚至外觀是怎麼來的。比方說，**化學**這個領域的科學家會研究宇宙中所有**物質**，說明不同的物質（像是雞蛋和麵粉）在加熱、冷卻或是跟其他東西混在一起時，會如何變化。**地球科學**解釋了地球上的礦物（例如食鹽）和大氣層中的**氣體**如何讓我們的料理膨脹或變扁。這些都是STEAM如何幫我們探索與了解食物的例子。

現在的廚師能創造出非常厲害的食物，都是因為科技的進步。工程師運用科學知識和科技工具來找出問題（像是如何讓蛋白杏仁餅裡頭的蛋白變得膨鬆輕盈），然後提出解決方法。製作薑餅屋時，廚師必須運用工程能力設計出堅固的構造，並加上充滿藝術美感的裝飾。

而這一切，都少不了數學運算，這是科學家、技術人員和工程師每天都要用到的能力，也少不了為我們的發現帶來美感和意義的藝術。

在這本書中，你將會學到各種關於食品科學的知識，包括烹飪和烘焙背後的科學觀念，觀察現象並提出問題。在每個實驗開始之前，要請你先猜猜會發生什麼事；做完實驗之後，就可以得到**結果**，看看實際上發生了什麼事。最棒的是，每個實驗完成後，都會有美味的東西可以吃！

科學方法的重要性

科學家相信，我們觀察到的一切都可以藉由仔細研究來找出解釋。從西元1100年代以來，已有無數科學家發展出**科學方法**，直至今日STEAM專家仍在使用著這些方法。所以，我們也會在實驗中運用。

科學方法包含一系列的步驟：

1. **科學家觀察事物**：你觀察到的事物，可能會出乎你的預料或讓你萬分驚訝。我們會開始思考這個世界是如何運作，往往就是因為先觀察到奇異的現象。

2. **科學家提出問題**：好的科學問題，必須是直接、具體而且能夠解答的。比方說，「酵母麵包中的哪種原料會讓麵團發酵」就是一個好的科學問題。

3. **科學家進行背景研究**：如果已經有人研究過這個科學問題，好的科學家會去查閱先前的研究，了解目前有什麼樣的發現。

4. **科學家根據資訊推測問題可能的答案**：所謂的**假設**，就是對於科學問題的預測答案。

5. **科學家設計實驗來驗證假設**：理想的科學實驗是針對某一個概念而設計。科學家通常會以先前的實驗為基礎，設計出新的實驗，這樣就可以承續前人的成果繼續研究。

6. **科學家分析實驗的結果**：科學家完成實驗後，必須解讀結果，整理出可以理解的模式。在分析的過程中，通常會用到數學。

　　分析結果後，通常可以看出假設是得到支持，還是遭到反駁（也就是證明假設有誤）。當科學家分析結果的時候，**事實是唯一的依據**，就算根據事實得到的結論，會和先前的預期大不相同也不例外，這是一定要有的觀念。在科學上，誠信比正確與否更重要；而且，出乎預料的發現往往能讓科學界更了解這個世界。

　　這整本書的內容，都需要用到科學方法。每篇趣味廚房實驗的說明中，都留有空白的地方，讓你寫下自己的假設、觀察和結果。你可以用鉛筆書寫，之後如果重新做實驗，就能擦掉重寫。

廚房就是實驗室

　　電影裡頭的科學實驗室，總是有很多身穿白色實驗衣的人，還有閃亮亮的金屬器材。但除了表面上的差異之外，廚房其實就像實驗室一樣，裡面有各種科技產品、工具、設備和用品，可以用來探索科學問題的答案，而每份食譜都是一場實驗。要完成任何食譜或

實驗，都要用到工具。現在，我們就來看看需要用到哪些工具。

廚房用具

◉ **鍋具**：你會需要使用各種鍋具來加熱與冷卻實驗品。

◉ **Instant Pot®溫控智慧萬用鍋**：如果家裡有Instant Pot溫控智慧萬用鍋，可以用在第3章的自製優格實驗。使用Instant Pot溫控智慧萬用鍋時，需有大人陪同。

◉ **火爐和烤箱**：有時候，你會需要將實驗品加熱。凡是要用到火爐或烤箱的實驗，都要有大人陪同進行。

◉ **攪拌機**：想把**固體**切碎，最快的方法就是放入攪拌機。

◉ **矽膠糖果模**：矽膠糖果模可以用來將食物塑造成特定的形狀，在本書的「糖果水晶洞」實驗中就會用到。

科學工具

◉ **量杯和量匙**：你會用到**液體**量杯、乾式量杯以及量匙。一套適合的量杯，應該要包含1杯、1/2杯、1/3杯和1/4杯這幾種；一套適合的量匙，則要有1大匙、1小匙、1/2小匙、1/4小匙和1/8小匙。

◉ **容器**：碗、罐子、瓶子、杯子、盤子、盒子、模具和花瓶，都是這些實驗會用到的容器。

◉ **攪拌器具**：在本書中，你會用到湯匙、叉子、攪拌機、打蛋器、鍋鏟，還有雙手！（記得在廚房裡要保持雙手乾淨）

◉ **刀具**：包括鋒利的刀、鈍刀和餅乾切割模具。如果實驗要用到銳利的工具，一定要有大人在場。

◉ **覆蓋物**：有時，我們會需要在實驗品的上面或底下放一層可以反射、密封或耐熱的材質，鋁箔紙、保鮮膜和烘焙紙都是廚房實驗室裡的重要工具。

◉ **火柴**：要在廚房實驗室使用明火的時候，一定要有大人在場。

◉ **紫光燈**：小型紫光燈能讓可發出生物光的物質發光。注意開紫光燈時，要遠離眼睛。

◉ **篩網**：篩網可以從液體中分離出固體，在相變實驗中非常實用。

◉ **酸鹼度試紙**：做成條狀小紙片的酸鹼指示劑，只要浸入實驗品中

就能知道酸鹼度。

- ⊙ **煮糖用溫度計：**一定要有一個細長形的溫度計，可以放入汽水罐或夾在鍋子旁邊。
- ⊙ **氣溫計：**在製作冰淇淋時，你會需要一個能測量冷熱的溫度計。

實驗室守則

　　廚房實驗室就和任何實驗室一樣，刺激、忙碌，還有一點點危險。由於本書中的所有實驗品都可以食用，也可以放心觸碰，所以你不需要戴手套，但必須保持雙手乾淨。開始在廚房做實驗之前，一定要用熱水和肥皂把雙手的手心和手背都洗乾淨，洗手的時間要和唱兩遍「生日快樂歌」一樣久，別忘了大拇指也要洗乾淨喔！只要碰過不屬於廚房的東西，包括這本書，甚至是手機，你都必須再洗一次手。

　　如果實驗中需要用到加熱器材、銳利的工具，或是異丙醇，一定要有大人陪你操作。使用火爐或烤箱的時候，也要特別小心。協助你的大人在拿取高溫材料時，應該戴上隔熱手套。如果用到玻璃杯、加熱器材、銳利工具或化學物質，也都應該要戴上護目鏡保護眼睛。

第2章
如何使用本書
HOW TO USE THIS BOOK

這本書中的實驗是依照STEAM科目編排，將科學、科技、工程、藝術和數學為主的實驗，分成不同的章節。每一章當中，都有關於那一章主要STEAM科目的說明，也會介紹與食品科學相關的有趣知識，當然還有一系列好玩又好吃的實驗！

本書的實驗沒有一定的順序，你可以自由探索不同的STEAM領域和實驗。在書中，你會看到一些標示**粗體**的專門詞彙，可以對照詞彙表找到定義。這些詞彙只有在第一次出現時才會以粗體標示，所以如果你是跳著做實驗，看到不認識的詞彙時，可以先查一下詞彙表。

一定要記得，你可以選擇你自己感興趣的科學實驗，不管是以STEAM科目、想吃的食物，還是哪個實驗比較好玩來決定，都沒問題。

事前準備

每篇實驗（或者說是食譜）的架構都很類似。這一章會詳細告訴你怎麼閱讀每篇實驗的說明，還有可以參考哪些資訊來決定什麼時候要做哪個實驗。

每篇實驗都會標示「難度」。「簡單」表示你可以自己進行這個實驗，不過可能需要請大人準備工具和原料；「中等」表示需要大人陪同進行實驗，不過你可以自己操作大部分的步驟；「進階」則代表需要大人從旁協助。

你也會看到每篇實驗的「混亂度」等級。「有點混亂」表示這個實驗會把你的盤子和檯面弄得黏黏的；「中等混亂」表示可能會產生奇怪的氣味、事後需要花力氣刮除某些東西，或需要把材料靜置幾天。

「最佳享用方式」會告訴你這個實驗的成品最適合當成早餐、午餐、晚餐、零食，還是甜點。你也會看到前置作業的「準備時間」，以及實驗所需的「全程時間」。「成品份量」則會標示這個實驗可以做出多少人份的食物。

每篇實驗都會有一個要解決的主要問題，開頭會標示❓記號。

請閱讀問題，想想答案，再寫下你的假設。也要留意「工具」和「原料」單元，務必在開始實驗之前仔細閱讀，才能準備好所有需要的東西。

　　每篇實驗都會清楚寫出需要注意的警告事項，開頭會標示❶，這是有關安全的資訊，例如需要請大人陪同，或是要配戴護目鏡。

　　每篇實驗都附有可以書寫的空白欄位，讓你在實驗過程中做筆記。你可以寫下你自己的：

● 假設：你對於這篇實驗提出的科學問題所預測的答案。
● 觀察重點：你在實驗過程中觀察到的事物或現象。
● 結果：實驗成果以及科學問題的解答。

　　你也會看到進行實驗的「步驟」。完成實驗後，你可以看看「過程和原理」單元，了解實驗背後的科學原理。接著查看「STEAM優勢」，了解這個實驗運用到哪些STEAM概念。最後則是「進階挑戰」，這個單元會建議你如何提升實驗的難度，適合想接受更多進階挑戰的小小科學家。如果實驗結果不如預期也沒關係！就算是失敗的實驗也能讓你學到東西，有時甚至會帶來令人振奮的驚喜。

　　好好享受創造美味發現的過程吧！廚房的科學世界，正等著你親自品嘗其中的滋味！

第 **3** 章
烹飪背後的**科學**原理
SCIENCE

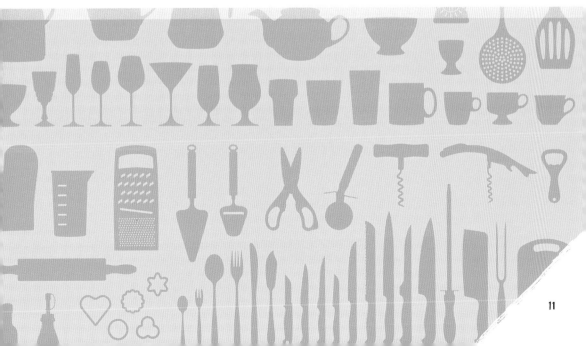

就讓我們從科學開始吧！ 在調查各種食品科學之謎的同時，我們會更了解烹飪背後的科學原理。科學就像是偵探工作，要提出問題，還要尋找答案。這一章共有15個實驗，在每個實驗中，我們會一邊經歷奇妙又美味的感官體驗，一邊探索某一個科學觀念。

　　有一些實驗跟氣泡有關，像是氣泡飲料裡的泡泡，還有讓麵團膨起的氣泡。我們也會將**混合物**分離及混合在一起，例如製作奶油和沙拉醬。還有，在把雞蛋煮到固化、把起司融化做成會牽絲的三明治之餘，你也會學到什麼是**物理變化**。這一章的實驗中，還包含了製作（跟燃燒）可以吃的蠟燭。如果你是熱愛甜食的小小科學家，可以好好期待草莓果醬、綜合果乾、司康與馬芬蛋糕！最後，你還可以自製披薩，讓全家人印象深刻！別忘了在大快朵頤時，跟家人聊聊麩質的科學原理。

　　記得隨時把握機會，寫下你的假設、多做觀察，還有分析實驗結果。練習每次像科學家一樣動腦思考，都會讓你的科學能力更加進步。還等什麼呢？現在就出發去廚房實驗室吧！

美味氣泡飲：
自製碳酸飲料

工具：

- 3個透明玻璃水杯
- 量匙
- 幾顆乾冰（可向附近的乾冰供應商或化工材料行購買，也可以從網路上買到）

原料：

- 檸檬水1瓶
- 小蘇打粉1小匙
- 水1小匙

難度：簡單
混亂度：有點混亂
最佳享用方式：零食
準備時間：無
全程時間：10分鐘
成品份量：2杯檸檬氣泡飲

> 當空氣溶入飲料產生氣泡、發出嘶嘶聲，這個反應我們稱為**碳酸化**。在這個實驗中，我們要使用小蘇打粉和乾冰讓檸檬水碳酸化。用小蘇打粉和乾冰製作出的兩種檸檬氣泡飲，哪一種會比較好喝呢？

警告：絕對不可以直接用手接觸乾冰。乾冰一定要由大人來處理，拿取時務必戴上隔熱手套，或使用長柄湯匙。

步驟

1. 在一個透明玻璃杯中倒入大約1杯的檸檬水。

2. 喝喝看第一杯檸檬水，並把你的觀察情況記錄下來。

3. 在第二個透明玻璃杯中，也倒入大約1杯的檸檬水。

4. 在第二個玻璃杯中加入1小匙小蘇打粉，然後攪拌。

5. 喝喝看第二杯檸檬水，並把你的觀察情況記錄下來。

6. 請大人幫忙在第三個透明玻璃杯中加入3到5顆乾冰。接著在玻璃杯中倒入1小匙的水，這樣做會讓乾冰留在杯底。

7. 在第三個玻璃杯中倒入大約1杯的檸檬水。

8. 如果飲料還在冒煙，請使用吸管飲用，或用湯匙把檸檬水舀出來喝，也可以等飲料停止冒煙後再喝。喝喝看第三杯檸檬水，把你的觀察情況記錄下來。

9. 比較這三杯檸檬水的味道和冒泡情況。你比較喜歡哪一杯？把你的結果記錄下來。

假設： 想想看，用小蘇打粉和乾冰製作的檸檬氣泡飲，哪一種會比較好喝？

_____
_____
_____
_____
_____

觀察重點： 對於每杯飲料的味道和冒泡情況，你注意到什麼？

_____
_____
_____
_____
_____

結果： 比較三杯飲料的味道和冒泡情況。

_____
_____
_____
_____
_____

碳酸化時的氣泡，是一種叫做二氧化碳的氣體。把小蘇打粉加入檸檬水時，會出現**化學變化**：小蘇打粉中的**鹼**會與檸檬水中的**酸**結合，產生二氧化碳氣泡。檸檬水在化學作用之下發生變化，味道就變淡了。而把冷凍的二氧化碳（乾冰）加入檸檬水時，會出現物理變化：固態的二氧化碳會快速升溫，變成氣態的二氧化碳氣泡。檸檬水仍然是酸性，而且喝起來更美味了！

隨手筆記：

_____

_____

_____

_____

_____

_____

_____

_____

STEAM優勢：科學家透過研究化學和物理學了解物質的相變，也就是從固體、液體變成氣體，再從氣體、液體變回固體的過程。製作乾冰時，要將二氧化碳氣體冷凍在非常低溫的環境下，這需要靠科技才能達成。

進階挑戰！Pop Rocks®*是一種會在嘴巴裡嗶啵冒泡的糖果，因為裡面包覆著二氧化碳。一包Pop Rocks糖果所含的氣泡，大概是一杯氣泡飲料的10%。把Pop Rocks倒入一杯檸檬水中並攪拌看看，會出現更多氣泡嗎？

＊這款商品在台灣沒有販售，類似的碳酸糖果通稱為跳跳糖。

麵團會長高：
酵母麵包

難度：進階

混亂度：中等混亂

最佳享用方式：午餐或晚餐

準備時間：準備原料10分鐘

全程時間：製作麵團1小時，發酵2小時（或隔夜），麵包塑形30分鐘，再發酵2小時（或隔夜），烘烤15分鐘

成品份量：12個美味的麵包捲

麵包師傅做麵包時，會需要一種叫做酵母的小生物幫忙。在這個實驗中，我們要測量酵母可以讓麵團發酵到多高。為什麼酵母會讓麵團發酵、膨起呢？

警告：使用烤箱時必須有大人陪同。如果用到電動攪拌機，也要請大人從旁協助。

步驟

1. 將1杯牛奶倒進2杯量的耐熱液體量杯，用微波爐加熱1分鐘，讓牛奶變溫，但不要太燙。

2. 在溫牛奶中加入2又1/4小匙（1小包）的活性乾酵母，用湯匙攪拌後放著備用。（你可能會發現牛奶表面出現一些氣泡，這表示酵母開始工作了！）

3. 將4大匙奶油放入耐熱馬克杯中，用微波爐加熱30秒融化。

工具：

- 2杯量的耐熱液體量杯
- 量杯和量匙
- 微波爐
- 湯匙
- 耐熱馬克杯
- 2個攪拌盆
- 有攪拌槳和麵團鉤配件的桌上型攪拌機（可省略）
- 叉子
- 透明保鮮膜
- 砧板或乾淨的檯面
- 尺
- 擀麵棍
- 餐刀
- 餅乾烤盤
- 烘焙紙
- 烤箱
- 隔熱手套

原料：

- 牛奶1杯
- 活性乾酵母2又1/4小匙（1小包）
- 無鹽奶油5大匙（分開裝）
- 麵粉3杯，另備1/4杯擀麵團用
- 鹽1小匙
- 糖1/4杯
- 雞蛋1顆
- 油1小匙

4. 將3杯麵粉、1小匙鹽和1/4杯糖倒入攪拌盆，用攪拌槳配件（或湯匙）攪拌至均勻混合。

5. 將酵母和牛奶的混合物與融化的奶油一起倒進麵粉混合物中。

6. 將雞蛋打進剛才用來融化奶油的馬克杯裡，用叉子把蛋黃弄破攪散，然後倒進攪拌盆。

7. 用攪拌槳配件（或大湯匙），將麵粉、酵母、奶油和蛋液的混合物攪拌在一起，直到材料黏成一球麵團。

8. 把配件換成麵團鉤，攪拌6分鐘（或是將麵團放在灑上麵粉的砧板或檯面上，揉捏8分鐘）。

9. 將1小匙油倒進第二個攪拌盆，用手將油塗抹在攪拌盆的內側表面上。

10. 用尺測量麵團的高度，再把你的觀察情況記錄下來。

11. 拿出1大匙奶油，放在室溫下回溫。

12. 將揉好的麵團放進塗過油的攪拌盆，用透明保鮮膜蓋住盆子。讓麵團在廚房檯面上發酵2小時，或是放進冰箱隔夜發酵。

13. 用尺測量麵團的高度，再把你的觀察情況記錄下來。

14. 將發酵過的麵團放在灑了麵粉的砧板或檯面上，用擀麵棍擀成圓形。麵團的厚度大約要0.5到1.5公分。

15. 用餐刀將1大匙奶油均勻塗抹在圓形麵團上。

16. 用餐刀將麵團切成12小塊，就像切披薩一樣。

17. 將小塊麵團捲成新月形,請從寬的那一端往尖端捲。

18. 在餅乾烤盤內鋪上一張烘焙紙。

19. 將麵包捲放在烘焙紙上,用透明保鮮膜鬆鬆的蓋著,放在廚房檯面上讓麵團變大一倍(約2小時)。

20. 將烤箱預熱至200℃,放入麵包捲烘烤12到15分鐘,直到表皮變成黃褐色且有點酥脆。戴上隔熱手套,將烤盤從烤箱中取出,放置5到10分鐘,待麵包變涼即可食用。開動吧!

過程和原理

酵母是活的生物,牠們要吃一點糖才會醒來。酵母和人一樣,會吸入氧氣,呼出二氧化碳。酵母呼出的二氧化碳會在麵團裡產生氣泡,所以麵團就變高了。

假設:估算看看麵團在發酵後會變高幾公分。

_____

_____

_____

_____

觀察重點:觀察麵團發酵後的變化。

_____

_____

_____

_____

結果:酵母讓麵團增加的高度,和你預測的一樣嗎?

_____

_____

_____

_____

STEAM優勢:過去數千年來,微生物學的工程師一直在努力改良各種各樣的酵母麵團。不同種類的酵母,可以製作出不同風味的麵包。

進階挑戰!酵母很喜歡糖,如果在溫牛奶中加入更多的糖來喚醒酵母,麵團發酵的高度會不同嗎?

甜甜的科學：草莓果醬

難度：中等
混亂度：有點混亂
最佳享用方式：早餐或零食
準備時間：去掉草莓的葉子和蒂頭10分鐘
全程時間：約1小時
成品份量：約1公升的果醬

食品科學家會利用**增稠劑**這種化學物質，讓果醬和果凍產生好吃的口感。讓我們來看看，草莓所含的**天然**增稠劑，夠不夠做出純天然的草莓果醬呢？

警告：用火爐煮東西時，一定要有大人陪同。務必戴上隔熱手套，並與鍋子保持距離，避免被濺到。觀察鍋內的果醬時，要從鍋子的側邊觀看，不要靠到熱鍋上方俯視。

步驟

1. 將1公升的草莓去除蒂頭和葉子後，放進大鍋子裡。

2. 用壓泥器將鍋子裡的草莓壓成泥狀，聞起來會很香喔！

工具：

- 1個附蓋的大鍋子
- 量杯
- 壓泥器
- 1個大湯匙
- 火爐
- 隔熱手套
- 容量1公升的附蓋罐子

原料：

- 草莓1公升
- 糖3杯

結果：想想看，自己做的純天然草莓果醬會和一般果醬同樣濃稠嗎？

_____
_____
_____
_____

假設：在煮果醬的時候，你有發現什麼變化嗎？

————————————

————————————

————————————

————————————

————————————

————————————

結果：你的果醬有多濃稠？

————————————

————————————

————————————

————————————

————————————

————————————

3. 將3杯糖加入鍋子裡，再用大湯匙攪拌到完全混合。

4. 將裝有草莓和糖的鍋子放到火爐上加熱，至少每隔2分鐘就要攪拌一次，直到混合物開始冒泡沸騰。

5. 鍋子裡的混合物沸騰後，改成每分鐘攪拌一次，繼續煮15到25分鐘，直到鍋子裡的液體變少，用湯匙舀起的果醬冷卻後也稠到不會流下來。即使沒有觀察到這些變化，煮果醬的時間也不要超過30分鐘。

6. 蓋上鍋蓋，並將鍋子從火爐上移開，讓果醬冷卻10分鐘。等待時，可以把你的觀察情況記錄下來。

7. 在大人陪同下，小心的將熱果醬倒進容量1公升的罐子裡，並蓋上蓋子。

8. 將果醬放入冰箱冷藏一晚。

9. 把你的結果記錄下來。

過程和原理

草莓本身含有大量的天然增稠劑，稱為**果膠**。果膠需要糖（由你加進果醬）和酸（來自草莓本身），才能形成果醬那種膠狀質地。由於草莓的果膠含量夠多，不用加入其他增稠劑，就能做出果醬了。

STEAM優勢： 在商業實驗室中開發新產品的食品科學家，會將增稠劑用在很多食品中，包括優格和巧克力牛奶。天然增稠劑的來源有麵粉、玉米澱粉、葛粉和木薯粉。

進階挑戰！ 試試看用其他富含果膠的水果製作果醬，例如芒果、李子、桑葚、梨子或蘋果。還有同樣含有大量果膠的柳橙，也很適合做成柑橘醬喔！

隨手筆記：

_____

_____

_____

_____

_____

_____

_____

_____

_____

搖出新滋味：調味奶油

難度：簡單

混亂度：有點混亂

最佳享用方式：早餐、午餐或晚餐

準備時間：無

全程時間：製作奶油15分鐘，外加調味10分鐘

成品份量：2大匙的奶油

🖊工具：

- ➔ 量杯
- ➔ 透明塑膠密封罐
- ➔ 3顆乾淨的彈珠
- ➔ 篩網
- ➔ 湯匙

📔原料：

- ➔ 動物性鮮奶油1/2杯
- ➔ 切碎的新鮮香草或乾燥香料1小匙

假設：想想看，鮮奶油含有多少比例的奶油呢（1/4、1/2或3/4）？

_____

_____

_____

_____

_____

 奶油是從鮮奶油分離出來製成的，鮮奶油是奶油（脂肪）和白脫牛奶（液體）的混合物。鮮奶油當中有多少成分是奶油，多少是白脫牛奶？

🧤步驟

1. 將1/2杯動物性鮮奶油倒進乾淨的塑膠罐中。

2. 將3顆乾淨的彈珠放入罐子。

3. 將罐子的蓋子蓋上並關緊。

4. 搖晃罐子，直到裡面出現一團奶油浮在白脫牛奶上面（5到10分鐘）；如果搖到手痠，可以輪流換手。把你的觀察情況記錄下來。

5. 將篩網放在一個碗上。

6. 把罐子裡的內容物倒進篩網裡。通過篩網流到下方碗裡的液體就是白脫牛奶，搭配鬆餅或馬芬蛋糕都很好吃。

7. 將奶油從篩網中取出，放回罐子裡。把你的結果記錄下來。

8. 將1小匙切碎的新鮮香草（如蝦夷蔥和香芹）或乾燥香料（如肉桂粉和肉豆蔻粉）用湯匙輕輕拌入奶油裡。如果需要更多調味奶油食譜，可以查看「學習資源」章節裡面的BritCo調味奶油網站。

9. 開心享用你的調味奶油吧！你還可以想到什麼調味組合？

過程和原理

搖晃鮮奶油時，裡面的某些混合物會開始分離。脂肪的部分會黏在一起，變成奶油。你可以在完成實驗後，比較做出來的奶油和白脫牛奶各有多少，就能知道鮮奶油含有多少的奶油和白脫牛奶。

STEAM優勢：化學工程師經常用到混合物。食品實驗室中有很多常見的混合物，像是沙拉、綜合堅果果乾和義大利麵。化學工程師也會混合藥品、肥皂、黏膠等非食品。

進階挑戰！運用你的數學能力，計算實驗做出來的奶油和白脫牛奶體積是多少，用數字回答前面提出的問題。你要如何用液體量杯測量這兩種東西的體積呢？

觀察重點：在搖晃鮮奶油的過程中，你注意到什麼？

_____

_____

_____

_____

_____

_____

_____

結果：你的鮮奶油有多少比例是奶油？

_____

_____

_____

_____

_____

_____

_____

_____

融洽不融洽： 混合沙拉醬

工具：

- 2杯量的液體量杯
- 2杯量（500毫升）的密封罐

原料：

- 芥花油或植物油 3/4杯
- 醋1/4杯
- 楓糖漿1/4杯
- 黃芥末醬1/4杯

假設： 想想看，哪些原料會混合成溶液，哪些原料不會？

_____

_____

_____

_____

難度： 簡單

混亂度： 有點混亂

最佳享用方式： 午餐、晚餐或零食

準備時間： 無

全程時間： 20分鐘

成品份量： 1又1/2杯的沙拉醬

> 沙拉醬是一種**溶液**，裡面有些原料結合在一起，無法將其分開。沙拉醬同時也是混合物，因為其中有些原料是可以分離的。在這個實驗中，我們要製作出美味的沙拉醬，並找出哪些原料可以分離出來：是油、醋、楓糖漿，還是黃芥末醬？

步驟

1. 先將3/4杯芥花油或植物油倒進2杯量的液體量杯裡。

2. 再將1/4杯醋倒在油上，現在量杯裡的液體總共是1杯的量。

3. 倒入1/4杯楓糖漿，現在量杯裡的液體總共是1又1/4杯的量。

4. 加入1/4杯黃芥末醬，現在量杯裡的液體總共是1又1/2的量。

5. 把你的觀察情況記錄下來。

6. 將量杯裡的所有液體倒進罐子裡。

7. 將罐子的蓋子蓋上並關緊。

8. 搖晃罐子30秒，讓沙拉醬完全混合。

9. 將罐子靜置在檯面上，等待10分鐘讓混合物沉澱。把你的結果記錄下來。

10. 把沙拉醬淋在你最喜歡的生菜沙拉上，好好享用吧！

過程和原理

油構成的液體和水構成的液體很難混合在一起。因此，無論你搖得多努力，沙拉醬裡的油還是會和醋、黃芥末醬以及楓糖漿分離。

觀察重點：將每種原料倒入量杯時，會發生什麼變化？

_____

_____

_____

_____

_____

結果：注意沙拉醬混合之後，有哪些原料會跟油分離。

_____

_____

_____

_____

_____

STEAM優勢：混合物和溶液是化學實驗室的重要核心。科學家使用液體時，必須知道哪些化學物質會真的結合在一起、哪些會分離。化學家可以運用色層分析法等技術將溶液分離，我們會在下一章學到這種科技。

進階挑戰！ 你可以試著用不同的原料組合製作沙拉醬。先從3/4杯芥花油或植物油與1/4杯醋的基底開始，嘗試加入檸檬汁或萊姆汁、新鮮香草，還有你喜歡的鹹味香料。記得在加入每種香草或香料之前先聞一下味道，看你覺得搭不搭。

蘋果橘子比比看：
水果的密度

難度：簡單

混亂度：有點混亂

最佳享用方式：早餐、零食或甜點

準備時間：無

全程時間：10分鐘

成品份量：2片水果

物體會沉下去還是浮起來，是根據**密度**而定。密度代表特定的體積或空間中含有多少**質量**（物質的量）。在這個實驗中，我們要觀察幾種水果在水中會浮起來還是沉下去，從中比較不同水果的密度。是蘋果的密度大，還是橘子的密度比較大呢？

步驟

1. 在透明的水壺或花瓶中裝入3/4滿的水。

2. 輕輕將蘋果放進水中，並把你的觀察情況記錄下來。

3. 把蘋果拿出來，然後將未剝皮的橘子輕輕放進水中，把你的觀察情況記錄下來。

4. 把橘子拿出來，剝去橘皮，盡量把白色的**橘絡**都剝掉。將去皮的橘子放進水裡，把你的觀察情況記錄下來。

工具：

- 1個透明的大水壺或大花瓶

原料：

- 水
- 蘋果1顆
- 未剝皮的橘子1顆
- 可自行加入：另外2種小顆的水果，例如李子和葡萄

假設：想想看，蘋果和橘子哪一個密度比較大（比較可能沉入水中）？

_____

_____

_____

_____

_____

觀察重點：看看哪種水果會浮起來，哪種水果會沉下去。

_____

_____

_____

_____

_____

_____

_____

_____

結果：是蘋果的密度大，還是橘子的密度比較大？你是怎麼知道的呢？

_____

_____

_____

_____

_____

_____

_____

_____

5. 試著在水裡放入其他種類的水果，比較這些水果的密度。

6. 把你的結果記錄下來。

過程和原理

蘋果的密度比橘子大，因為橘子有厚而蓬鬆的橘皮，可以讓橘子浮在水中。

STEAM優勢：工程師建造、設計船舶和飛機時，會用到關於密度的知識。對於處理管路設計問題的機械工程師來說，密度是非常重要的概念。環境科學家在清理漏油時，也需要研究油和水的密度。

進階挑戰！你可以運用數學能力計算實際的密度。請用料理秤測量出每種水果的質量，並將水果放進裝水的液體量杯中，看看加了水果之後水面升高多少，就能知道每種水果的體積。只要將質量除以體積，就能計算出水果的密度了。

自己動手做果乾：
天然糖果

難度：中等
混亂度：有點混亂
最佳享用方式：零食或甜點
準備時間：切水果5分鐘
全程時間：準備水果10分鐘，外加乾燥時間3到8小時
成品份量：至少2杯的果乾

新鮮當季水果的滋味最棒了，如果自己動手做成果乾，還能把這種美味濃縮起來。在這個實驗中，我們要測量三種不同水果的乾燥時間，從中比較水分含量的差異。李子、蘋果和草莓當中，你認為哪一種水分最多呢？

⚠️ **警告**：使用烤箱時必須有大人陪同。

🧤步驟

1. 請大人幫你準備水果，步驟有：

   a. 用水清洗水果，

   b. 去除葉子、蒂頭和果核，

   c. 切成0.5公分厚的水果片。

2. 將烤箱預熱至80℃。

✏️工具：

- ➲ 烘焙紙
- ➲ 3個餅乾烤盤
- ➲ 烤箱
- ➲ 隔熱手套
- ➲ 叉子
- ➲ 塑膠或玻璃的保鮮盒

📖原料：

- ➲ 李子6顆
- ➲ 蘋果2顆
- ➲ 草莓1公升

假設：想想看，在這些水果當中，哪一種的水分含量最高？哪一種最低？哪一種居中呢？

_____

_____

_____

_____

_____

_____

_____

_____

_____

_____

_____

_____

_____

結果：哪一種水果的水分含量最高？你是怎麼知道的？

_____

_____

_____

_____

_____

_____

_____

_____

_____

3. 將烘焙紙分別鋪在3個餅乾烤盤上。

4. 在一個餅乾烤盤裡放入李子，另一個放入蘋果，第三個放入草莓。將水果片分散擺放，不要碰在一起。

5. 將餅乾烤盤放入烤箱。

6. 每隔30分鐘檢查一次實驗品，看看水果是否變乾了。每隔2小時，要將烤盤從烤箱拿出來，用叉子將水果片翻面。烤乾所有水果需要3到8小時。

7. 當水果看起來變得乾乾硬硬的，就可以從烤箱拿出來。把你的觀察情況記錄下來。

8. 將果乾放在打開的保鮮盒裡，在廚房檯面上放置1星期，期間每天都要搖晃保鮮盒。

9. 果乾最多可以冷藏存放2個月。

過程和原理

水果裡面大部分的成分是水。讓水果乾燥，就是去除其中的水分，變成甜滋滋又風味濃厚的好吃小零嘴。花最多時間乾燥的水果，水分含量最高。

STEAM優勢：食品工程師要解決很多問題，像是如何做出又輕又不會壞的食物，方便旅行者、露營者、登山客和太空人攜帶。冷凍乾燥科技是將切成薄片的水果放在冷凍庫中（而不是烤箱裡），讓冷凍的水昇華，在固態下不經液態直接變成氣態。

進階挑戰！你可以嘗試製作冷凍乾燥的果乾。將水果清洗乾淨並切片，然後放在冷凍庫的網架上，水果大概1小時後會結凍，經過1星期左右就會變乾。

隨手筆記：

_____
_____
_____
_____
_____
_____
_____
_____
_____

堅果的小祕密：
可以吃的燃燒反應

難度：中等
混亂度：中等混亂
最佳享用方式：零食
準備時間：準備堅果和馬鈴薯5分鐘
全程時間：15分鐘
成品份量：1份堅果零食

反應是指燃料與氧氣發生反應，產生熱和光的作用。所有火焰都屬於燃燒反應。在這個實驗中，我們要用堅果的油當作燃料，製造火焰。杏仁果、花生和胡桃這三種堅果，哪一種最會燃燒呢？

警告：請大人幫忙準備堅果和馬鈴薯。使用爐火時，一定要有大人陪同。

步驟

1. 將3顆花生和3顆胡桃切成薄薄的長條狀。

2. 將馬鈴薯切成長長的圓柱體或高高的長方體。

✏️工具：

- ❥ 一把適合切堅果的刀，給大人使用
- ❥ 火柴
- ❥ 耐熱的表面（盤子、鍋子等）

原料：

- ❥ 花生3顆
- ❥ 胡桃3顆
- ❥ 馬鈴薯1顆
- ❥ 條狀杏仁果3根

假設：杏仁果、花生和胡桃這三種堅果，哪一種最會燃燒？

_____

_____

_____

_____

＊如果對堅果過敏，可以改用葵花子或南瓜子做實驗。

觀察重點：注意每種堅果容易著火的程度，並寫下每次著火時可以燃燒幾秒。

_____

_____

_____

_____

_____

_____

結果：哪種堅果最會燃燒？請用你的觀察結果來說明。

_____

_____

_____

_____

_____

_____

3. 將1根杏仁果條插在馬鈴薯上面，馬鈴薯會在杏仁果燃燒時固定住它。

4. 用火柴點燃杏仁果條，讓火燃燒到自然熄滅。用其他2根杏仁果條重複剛才的步驟，把你的觀察情況記錄下來。

5. 用花生和胡桃條重複步驟3和4。把你的觀察情況和結果記錄下來。

6. 沒有燒到的堅果可以拿來吃。

過程和原理

堅果內含的油是一種燃料，可以點火燃燒。在燃燒時，油和氧氣產生化學變化，變成二氧化碳、其他氣體和蒸氣。最快點燃且燃燒最久的堅果，所含的油最多。

STEAM優勢：工程師藉由研究燃燒反應，設計出燃燒燃料的引擎。科技可以讓**引擎**變得更**有效率**，減少燃燒反應在地球大氣層中產生的二氧化碳。像油電混合的汽車引擎，就是運用科技提升燃料效率的一個例子。

進階挑戰！堅果條在馬鈴薯上面燃燒時，整個實驗品看起來就像一根蠟燭，可以製造出很酷的錯視效果。

起司的美味變化：
完美的烤起司
三明治

難度：中等
混亂度：有點混亂
最佳享用方式：午餐或晚餐
準備時間：切起司5分鐘
全程時間：15分鐘
成品份量：1份烤起司三明治

 相變是指固體融化、液體蒸發或結冰，還有氣體凝結。在廚房裡，最美味的一種相變就是起司融化了。在這個實驗中，我們要運用科學方法來製作烤起司三明治。起司要到幾度才會融化呢？

警告：用火爐煮東西時，一定要有大人陪同。

 步驟

1. 在一片麵包上塗1/2大匙的奶油，然後將麵包放入冷的平底鍋，有塗奶油的那一面朝下。

2. 在麵包上面放一層起司。

3. 在另一片麵包上塗1/2大匙的奶油，然後把麵包放在起司上面，有塗奶油的那一面朝上。

4. 小心的將溫度計插在三明治裡。

5. 將平底鍋放在火爐上，開小火。

 工具：

- 餐刀
- 平底鍋
- 煮糖用溫度計
- 火爐
- 隔熱手套
- 鍋鏟

原料：

- 麵包2片
- 奶油1大匙
- 足夠鋪滿一面麵包的起司

假設：試想起司要到幾度才會融化呢？

_____
_____
_____
_____
_____

6. 觀察三明治5分鐘，中間要不時確認起司的溫度和狀態。如果5分鐘後起司仍然是固態，請將火爐調整為中火。

7. 用鍋鏟將三明治翻面，避免麵包烤焦。

8. 繼續觀察起司的溫度和狀態。如果5分鐘後起司仍然是固態，請將火爐調整為大火。

9. 當起司融化時，關火並將你的結果記錄下來。

過程和原理

當起司融化時，有兩種相變發生。首先是起司內的脂肪融化，再來是**蛋白質**融化。質地較軟的起司融化溫度比較低，質地較硬的起司則要較高的溫度才會融化。大多數的起司會在55℃到80℃之間融化。

STEAM優勢：科學家、技術人員和工程師需要了解實驗室裡的材料，而發生相變的溫度就是一種重要的**物理特性**。在化學家最基本的參考表格**元素週期表**中，每種元素都會列出相變溫度。

進階挑戰！嘗試看看烤起司吧！切下一塊起司，放在平底鍋裡加熱。你可能需要加一點油，避免起司沾鍋。記得溫度不要太高，以免起司融化。

觀察重點：注意起始溫度。當溫度慢慢提高時，三明治會發生什麼事？

_____
_____
_____
_____
_____
_____
_____
_____

結果：三明治裡的起司會在幾度時融化？

_____
_____
_____
_____
_____
_____
_____
_____

培養優格菌：
自製優格

工具：

- ◗ 大鍋子
- ◗ 火爐
- ◗ 隔熱手套
- ◗ 量杯
- ◗ 煮糖用溫度計
- ◗ 湯匙
- ◗ 優格機（網路售價約1000元上下）或Instant Pot®溫控智慧萬用鍋

原料：

- ◗ 牛奶1/2加侖（約1900毫升）
- ◗ 優格（含活菌）1/2杯

假設：想想看，優格中的活菌會讓牛奶變成什麼樣子呢？

_____

_____

_____

_____

難度：中等
混亂度：有點混亂
最佳享用方式：早餐或零食
準備時間：無
全程時間：製作45分鐘，培養優格3到12小時
成品份量：2公升優格

> 優格是用**細菌**這種微小的生物**培養**出來的產物。在這個實驗中，我們要將少量的活性優格菌加入大量的牛奶中，培養出更多優格菌。優格菌會讓牛奶變成怎樣呢？

警告：用火爐煮東西時，一定要有大人陪同。請使用製作優格專用的機器（優格機或Instant Pot®溫控智慧萬用鍋）進行實驗，使用其他方法做出的優格可能會受到汙染，不適合食用。

步驟

1. 將大鍋子放在火爐上，倒入1/2加侖（約1900毫升）的牛奶。

2. 將火爐開到中火，開始攪拌牛奶。

3. 將牛奶加熱到80℃，持續攪拌。

4. 關火，將溫度計放在牛奶中，讓牛奶靜置冷卻到45℃。

5. 將1/2杯優格拌入牛奶中。

6. 將牛奶和優格的混合物倒入優格機的罐子（或倒入Instant Pot®溫控智慧萬用鍋），根據製造商的說明指示培養優格。整個培養過程中，務必要讓優格的溫度保持在40℃到45℃之間。

7. 把你的觀察情況和結果記錄下來。

過程和原理

溫牛奶非常適合優格菌生長，牛奶中富含優格菌愛吃的糖分。雖然細菌非常小，但優格菌可以在短短幾小時內大量繁殖，多到足以把牛奶吃掉，變成優格。

觀察重點：完成後，把優格的外觀、氣味和味道記錄下來。

_____

_____

_____

_____

_____

結果：注意優格與牛奶的差異。

_____

_____

_____

_____

STEAM優勢：人體消化道中有幾十億個菌種，優格菌占了其中很重要的一環。這些腸道菌群可以幫助我們消化食物，減輕胃痛。醫生會運用許多科技製造的產物來幫助腸道菌群有問題的人，而優格就是其中一種。

進階挑戰！試試看用不同的牛奶或優格來製作。新的優格吃起來味道有什麼不同呢？你覺得原因是什麼？

讓麵團膨脹的祕方：
會改變形狀的司康

難度：進階
混亂度：中等混亂
最佳享用方式：早餐或零食
準備時間：準備原料5分鐘
全程時間：混合材料30分鐘，外加烘焙時間共30分鐘
成品份量：12個司康和12個馬芬蛋糕

膨脹劑是一種會讓麵團膨脹的成分，能讓許多烘焙點心變得柔軟膨鬆。在這個實驗中，我們要來了解泡打粉的膨脹能力。泡打粉對於司康的膨脹有什麼影響？對於瑪芬蛋糕的膨脹又有什麼影響？

警告：使用烤箱時必須有大人陪同。

👆步驟

1. 將烤箱預熱至200℃。

2. 將4杯麵粉、2大匙泡打粉、1小匙鹽和2/3杯糖放入大碗中，再用湯匙將這些乾性原料攪拌混合。

3. 拌入1杯果乾。

✏️工具：

- 烤箱
- 隔熱手套
- 2個大碗
- 大湯匙
- 量杯和量匙
- 4杯量的液體量杯
- 砧板或檯面
- 餐刀
- 餅乾烤盤
- 抹油刷
- 小碗
- 小湯匙
- 叉子
- 馬芬蛋糕烤模
- 12個馬芬蛋糕紙模
- 牙籤

原料：

- 麵粉4杯，另備1/4杯擀麵團用
- 泡打粉2大匙
- 鹽1小匙
- 糖2/3杯，另備好1/4杯
- 果乾1杯，可使用小型果乾（如無核小葡萄乾）或切成小塊的果乾（如杏桃乾、蘋果乾、鳳梨乾）
- 動物性鮮奶油2又1/2杯
- 肉桂粉1小匙
- 牛奶1/2杯
- 雞蛋2顆
- 切碎的新鮮水果1/2杯

假設：想想看，司康和馬芬蛋糕麵團在烤箱中的膨脹情況會有什麼差別？

_____

_____

_____

_____

_____

4. 拌入2又1/2杯動物性鮮奶油，直到麵團均勻混合，黏成塊狀。

5. 舀出一半的麵團，裝到第二個大碗裡。

6. 把雙手洗乾淨，將第一個碗裡的麵團揉成圓球，將麵團擠壓幾次，直到麵團黏在一起。這個麵團要用來製作司康。把你的觀察情況記錄下來。

7. 將1/4杯麵粉灑在砧板上。

8. 將第一個碗裡的麵團拿出來，放在灑了麵粉的砧板上。

9. 用雙手將麵團壓成高約2公分、寬約7.5公分的長方形。將長方形切成6個正方形，再將每個正方形都切成2個三角形。

10. 將這些三角形放到餅乾烤盤上。用抹油刷沾取量杯中剩下的鮮奶油，抹在三角形上。

11. 將1/4杯糖和1小匙肉桂粉放入一個小碗，混合在一起。用小湯匙將大約一半的糖與肉桂粉混合物灑在司康上，剩下的一半先放著備用。

12. 將司康放入烤箱中，烘烤12到15分鐘，直到頂部呈現淺黃褐色，且摸起來硬硬的。

13. 在烤司康的同時，用液體量杯量出1/2杯的牛奶，再將2顆雞蛋打入牛奶中。用叉子攪拌蛋和牛奶的混合物，然後倒入裝有麵團的第二個碗裡，再加入1/2杯切碎的新鮮水果，用大湯匙把碗中的東西攪拌均勻，這個麵團要用來製作馬芬蛋糕。把你的觀察情況記錄下來。

14. 將馬芬蛋糕紙模放入馬芬蛋糕烤模中。

15. 用大湯匙挖取第二個碗裡的麵團，將每個馬芬蛋糕紙模裝到2/3滿。

16. 將剩下的肉桂粉與糖混合物灑在馬芬蛋糕上。

17. 等司康烤好之後，從烤箱內取出，將烤箱溫度調整為190℃，放入馬芬蛋糕烤15到20分鐘。烤完後用牙籤插入馬芬蛋糕，如果抽出來上面是乾淨的就代表烤好了。

18. 試吃司康和馬芬蛋糕，把你的結果記錄下來。

過程和原理

泡打粉會產生化學變化，製造出氣泡，讓麵團膨脹起來。雙效泡打粉會產生兩種化學變化：一種是和濕性材料產生的變化，另一種是在麵團加熱時出現的變化。馬芬蛋糕的麵糊比司康濕，也比較輕，所以烘烤時泡打粉會讓馬芬蛋糕變得比較膨鬆。

STEAM優勢：在商業食品實驗室中，工程師要努力為蛋糕預拌粉、玉米馬芬蛋糕和布朗尼等產品找出最適合的泡打粉用量。想像一下，在一間隨時都在烤布朗尼的實驗室裡工作會是什麼樣子？

進階挑戰！你可以試著調整食譜中泡打粉或鮮奶油的用量，來改變成品的口感。如果想嘗試做出不同的口味，也可以用其他水果來做實驗。

觀察重點：注意司康麵團和瑪芬蛋糕麵團有什麼相似之處，又有什麼差異。

_____

_____

_____

_____

_____

_____

_____

結果：比較一下司康和瑪芬蛋糕的味道和口感。

_____

_____

_____

_____

_____

_____

_____

洋蔥「淚」了嗎：切洋蔥時如何不流眼淚？

難度：中等
混亂度：中等混亂
最佳享用方式：零食
準備時間：訪問15分鐘
全程時間：20分鐘
成品份量：約1/2杯的焦糖洋蔥

很多人切洋蔥會切得淚流滿面。在這個實驗中，我們要測試各種避免切洋蔥時流淚的方法。你覺得哪一種會有用呢？

警告：請找大人幫忙切洋蔥。使用火爐時必須有大人陪同。

🧤 步驟

1. 訪問至少3個人，詢問對方有什麼方法能避免在切洋蔥時流眼淚。這裡還有一些點子：

   a. 把洋蔥放到冰箱冷藏。

   b. 切洋蔥時，用嘴巴含住東西（例如火柴棒或麵包）。

   c. 戴著護目鏡切洋蔥。

2. 選出至少兩種方法來試試。

3. 站在砧板旁邊，請大人幫你把洋蔥切成細絲。在大人切半顆洋蔥時嘗試第一種方法，然後在切另外半顆洋蔥時嘗試另一種方法。把你的觀察情況記錄下來。

✒️ 工具：

- 適合切洋蔥的刀
- 砧板
- 小平底鍋
- 火爐
- 盤子
- 叉子

📋 原料：

- 洋蔥1顆（建議選用老一點的洋蔥）
- 橄欖油1小匙

假設：想想看，有什麼方法可以避免切洋蔥時流眼淚？說說看你為什麼覺得這個方法會有用。

_____

_____

_____

_____

_____

4. 在小平底鍋中放入1小匙橄欖油，用大火加熱。

5. 放入洋蔥，烹煮3到6分鐘，直到洋蔥絲的邊緣開始變成褐色。

6. 將火爐調成小火。用小火烹煮洋蔥，直到變軟並呈現焦糖的深褐色。

7. 關火，將焦糖化（煮過後釋出糖分）的洋蔥裝到盤子裡，品嚐洋蔥。你有哭嗎？烹煮洋蔥有解決洋蔥讓你流眼淚的問題嗎？把你的結果記錄下來。

過程和原理

切洋蔥時，洋蔥會釋放出某種刺激眼睛的氣體，這種氣體會變得越來越濃。剛採摘的新鮮洋蔥不太會讓人流淚，但放久了洋蔥就一定有這種作用。烹煮洋蔥時，會打散這種氣體。目前，科學家還不知道有什麼方法，能讓生洋蔥不會刺激眼睛。

STEAM優勢：有很長一段時間，科學家都不知道為什麼切洋蔥會讓人流淚。直到2002年，日本的科學家發現了這種刺激眼睛的氣體。既然我們已經知道洋蔥讓人流淚的原因，或許以後工程師就會開發出能解決這個問題的科技。

進階挑戰！嘗試讓胡蘿蔔、甜椒和芹菜焦糖化，這些蔬菜會出現什麼變化？

觀察重點：在你嘗試避免洋蔥讓你流淚時，會發生什麼事。

_____
_____
_____
_____
_____
_____
_____
_____

結果：其中哪些方法奏效？哪些方法沒有作用？

_____
_____
_____
_____
_____
_____
_____

廚房裡面誰怕熱：
水煮綠色蔬菜

工具：

- ➡ 小鍋子
- ➡ 火爐
- ➡ 計時器
- ➡ 大碗
- ➡ 撈勺
- ➡ 盤子

原料：

- ➡ 豌豆莢1杯
- ➡ 水6杯（分開裝）
- ➡ 冰塊12顆

假設：想想看，川燙和冰鎮會讓豌豆莢的綠色變得更鮮明，還是更暗淡呢？

_____

_____

_____

_____

_____

難度：中等

混亂度：有點混亂

最佳享用方式：零食

準備時間：5分鐘

全程時間：15分鐘

成品份量：1杯脆爽鮮嫩的豌豆莢

 煮過的蔬菜比生蔬菜軟，但口感可能會變得糊糊的。在這個實驗中，我們要嘗試運用**川燙**和**冰鎮**這兩種技巧，讓蔬菜爽口又鮮嫩。蔬菜的顏色又會如何變化呢？

警告：用火爐煮東西時，一定要有大人陪同。

步驟

1. 用手摘掉1杯豌豆莢的蒂頭。

2. 把1個豌豆莢放在旁邊，當作第一個**對照組**。

3. 將3杯水倒入小鍋子中。

4. 將鍋子放在火爐上，開大火。

5. 水快要煮滾時，在一個碗裡放12顆冰塊，然後在冰塊中倒入3杯冷水。

6. 水煮滾時，將豌豆莢（除了剛才放在旁邊的那一個之外）放入滾水中。

7. 用計時器設定計時2分鐘。

8. 2分鐘後，用撈勺把豌豆莢移到裝冰水的碗裡。留1個豌豆莢在熱水裡，當作第二個對照組。把你的觀察情況記錄下來。

9. 用計時器設定計時5分鐘。

10. 5分鐘後，用撈勺把豌豆莢從裝冰水的碗裡移到盤子上。

11. 用撈勺將熱水中的豌豆莢移到同一個盤子上，放在盤子邊緣。把生的那個豌豆莢也放在盤子另一側的邊緣。

12. 把你的觀察情況和結果記錄下來。

過程和原理

用滾水煮豌豆莢時，熱度會讓植物內的一些空氣蒸發。空氣消失後，蔬菜上的綠色，也就是一種叫做**葉綠素**的**分子**，就會變得更清晰。綠色蔬菜長時間烹煮後，熱度會破壞葉綠素，讓蔬菜變得黃黃糊糊的。冰水可以降溫，讓蔬菜保持鮮翠的顏色。

STEAM優勢：溫度對活的分子影響很大，所以生物學家要特別留意溫度。

進階挑戰！試試看用這個技巧煮更多種的綠色蔬菜。這個技巧適合用於其他顏色的蔬菜嗎？挑戰看看吧！

觀察重點：注意實驗過程中蔬菜的顏色有什麼變化。

_____

_____

_____

_____

結果：你看到顏色和質地有什麼變化？

_____

_____

_____

_____

蛋頭先生：拆解蛋白質

工具：

- 平底鍋
- 火爐
- 鍋鏟
- 盤子
- 叉子

原料：

- 奶油或橄欖油1小匙
- 雞蛋1顆
- 鹽適量

假設：想想看，雞蛋在烹煮的過程中會出現什麼變化？

_____
_____
_____
_____
_____

難度：中等
混亂度：有點混亂
最佳享用方式：早餐
準備時間：無
全程時間：10分鐘
成品份量：1份煎蛋

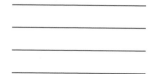煮雞蛋的時候，蛋會發生一些無法復原的變化。在這個實驗中，我們要觀察雞蛋在火爐上烹煮時的變化。烹煮的過程會如何改變雞蛋？

警告：用火爐煮東西時，一定要有大人陪同。如果你沒有打過蛋，這個步驟也請找大人幫忙。不要吃生蛋或是還沒煮熟的雞蛋。

步驟

1. 將1小匙奶油或橄欖油放入小平底鍋，置於火爐上。

2. 將火爐開到中火。

3. 打1顆雞蛋，放入鍋中。

4. 將雞蛋煎到變色。把你的觀察情況記錄下來。

5. 用鍋鏟將蛋翻面。把你的觀察情況記錄下來。

6. 等到蛋的兩面都變成白色，中間也變硬時，就可以關火。

7. 將煎蛋放到盤子上，灑一點鹽，即可享用。把你的結果記錄下來。

過程和原理

蛋是由被稱為蛋白質的分子構成，而蛋白質遇熱會改變形狀。如果加熱到超過42℃，就**會變性（denaturation）**，蛋白質的形狀會改變，而且無法恢復原狀。蛋白的成分100%是蛋白質，所以煎雞蛋的時候，很容易看到雞蛋的蛋白質變性現象。

STEAM優勢：一直到不久之前，科學家都以為蛋白質變性是永久性的改變。但在2015年，美國加州的工程師發現將煮過的雞蛋恢復的方法。他們運用化學和機械方面的科技，讓雞蛋中變性的蛋白質恢復原本的形狀。

進階挑戰！試試看用別的方式煮雞蛋吧！你可以把整顆雞蛋放在滾水中3分鐘，就能煮出半熟蛋，或是煮14分鐘變成全熟的水煮蛋。你也可以將雞蛋打入一鍋煮滾的水中煮3分鐘，就成了水波蛋。你還可以用叉子把雞蛋打勻，加入1小匙水混合，然後用奶油煎炒蛋液，就可以炒出鬆軟的炒蛋。

觀察重點：觀察雞蛋烹煮時的顏色和質地變化。

_____
_____
_____
_____
_____
_____

結果：煮過的雞蛋出現什麼變化？

_____
_____
_____
_____
_____
_____
_____

任勞任怨的披薩：
麵粉擂台

工具：

- 量杯和量匙
- 2杯量的耐熱液體量杯
- 微波爐
- 2個大攪拌盆
- 電動攪拌機（或大湯匙）
- 砧板或檯面
- 廚房紙巾
- 擀麵棍
- 尺
- 抹油刷
- 烤箱
- 隔熱手套

難度：進階

混亂度：有點混亂

最佳享用方式：午餐或晚餐

準備時間：無

全程時間：製作麵團30分鐘，麵團發酵1小時，擺放披薩餡料及烘烤披薩45分鐘

成品份量：2塊大披薩，或4塊單人份的小披薩

> **?** 麩質是一種能讓麵團黏在一起的分子，某些麵粉的麩質含量比其他麵粉多。在這個實驗中，我們要比較白麵粉和全麥麵粉的麩質含量。用白麵粉和全麥麵粉做出來的麵團和披薩餅皮，哪種比較容易拉長呢？

> **！ 警告：**使用烤箱時必須有大人陪同。如果用到電動攪拌機，也要請大人從旁協助。

步驟

1. 用2杯量的耐熱液體量杯量出3/4杯的水，放入微波爐加熱45秒，讓水變溫，但不要太燙。

2. 將1又1/2小匙酵母和1小匙蜂蜜拌入水中，放著備用。

3. 在大攪拌盆中，將2又1/2杯白麵粉、1/2小匙鹽和1又1/2大匙橄欖油混在一起，然後倒入含有酵母的混合物。

4. 用電動攪拌機的攪拌槳配件（或湯匙）攪拌2分鐘。

5. 把配件換成麵團鉤（或是將麵團移到灑了一些麵粉的砧板或檯面上），攪拌10分鐘（或用手輕輕揉捏10分鐘）。

6. 將麵團揉成圓球狀。兩手各抓一半，用拇指輕壓中心處，將麵團輕輕拉成兩半。在麵團開始要斷裂的時候停下來，測量麵團拉長了多少。把你的觀察情況記錄下來。再把麵團重新揉成圓球狀，放到第二個大碗裡。

7. 重複步驟1到6，將白麵粉換成2又1/4杯的全麥麵粉。把你的觀察情況記錄下來。

8. 把兩個麵團放在同一個碗裡，在上面鋪一張乾淨的廚房紙巾。將碗靜置在廚房檯面上，讓麵團發酵1小時。

9. 將烤箱預熱至220℃。

10. 如果你要做2塊大披薩，就讓麵團維持兩大球；如果要做成4塊單人份的小披薩，請把兩個麵團再各分成一半。

11. 用擀麵棍將每個披薩麵團球壓成圓形的餅皮，要保留1公分左右的厚度。將每塊披薩餅皮放在灑了麵粉的餅乾烤盤上。

▌原料：

➔ 水1又1/2杯（分開裝）

➔ 酵母3小匙（分開裝）

➔ 蜂蜜1小匙

➔ 白麵粉2又1/2杯，另備1/4杯擀麵團用

➔ 鹽1小匙（分開裝）

➔ 橄欖油5大匙（分開裝）

➔ 全麥麵粉2又1/4杯

➔ 披薩餡料：義大利紅醬（例如罐裝義大利麵醬）1/2杯、莫札瑞拉乳酪絲450克，還有任何你想放在披薩上面的蔬菜或肉

假設：想想看，白麵粉和全麥麵粉做的披薩餅皮，哪一種麩質含量會比較高、比較容易拉長？

_____

_____

觀察重點：注意兩種麵團的質地和延展性如何，還有做出來的餅皮是什麼樣的味道和口感。

_____

_____

_____

_____

_____

結果：哪一種餅皮比較容易拉長？哪一種餅皮的麩質比較多？

_____

_____

_____

_____

12. 在兩塊大披薩餅皮上，分別刷上1大匙橄欖油（如果是單人份的小披薩，就改成每塊刷1/2大匙）。

13. 為每塊披薩餅皮抹上1/8到1/4杯的紅醬，並放上莫札瑞拉乳酪絲和其他你喜歡的披薩餡料。

14. 將披薩放入烤箱烘烤15到20分鐘，直到餅皮變成棕色且硬硬脆脆。

15. 吃完披薩後，把你的觀察和結果記錄下來。

過程和原理

麩質是一種會產生黏性和延展性的分子，會捕捉酵母產生的氣泡，讓披薩餅皮變成充滿彈性的口感。白麵粉所含的麩質比全麥麵粉多，所以白麵粉做出的麵團可以拉得比較長。麩質存在於小麥、大麥、黑麥、燕麥等麥類當中，但玉米和稻米並不含麩質。

STEAM優勢：不是每個人都可以食用麩質。有些麵粉的麩質含量比其他麵粉多，有些麵粉則完全不含麩質。為了造福對麩質過敏或有麩質不耐症的人，工程師努力開發出保有類似口感和味道的無麩質產品。

進階挑戰！嘗試用玉米粉或在來米粉進行這個實驗，這種無麩質的披薩餅皮有什麼相同和不同的地方？

料理小知識：
超市裡的科學

科學無所不在，在超市裡也不例外！

蔬菜水果

選購蔬菜水果的第一原則，就是購買當季盛產的農產品。很多蔬菜水果在一年當中的某些時期吃起來特別美味，對身體也更有益！當季蔬果比較有可能是產自附近的農場，運送時間較短，也會有較多具有活性的維生素和營養素。記得檢查蔬果的顏色，以顏色鮮明為佳。你還可以拿起來聞一聞，如果味道很香，表示成熟了；要是沒什麼味道表示還未成熟；若是味道很難聞，就不要買。千萬別買包裝或箱子上已經看得到黴菌的蔬果。

檢查日期

大部分的食品包裝都會印上日期，有表示食品風味最好的「賞味期限」、食品商可以販售的「消費期限」，或是食品存放的「保存期限」。如果超過保存期限，就表示食品不安全，不宜食用。「賞味期限」則表示食品在什麼時候之前最美味。

營養標示

包裝食品還會有營養標示。一般來說，選擇糖分較少，蛋白質、纖維質和維生素含量較多的食品，可以給你比較多的能量，讓你比較健康。營養標示也可以讓你了解食品含有多少**卡路里**，卡路里越高的食物，所含的熱量越多。

第4章
從廚房發展的科技產品
TECHNOLOGY

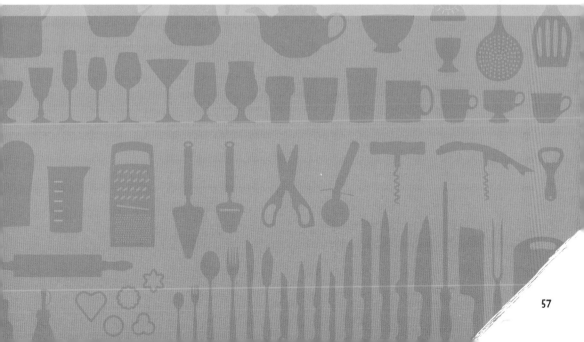

將科學用於解決現實世界的問題，就是在運用科技。我們常常忘了，現在日常生活中常見的工具，都曾經是全新的發明。不妨想像一下，當歐洲人在1600年代開始使用「叉子」這種新的科技產品時，是為了解決什麼問題？量杯、鍋鏟、打蛋器、攪拌機和微波爐，也都是為了解決廚師遇到的問題而出現的廚房科技產品。

　　在本章中，我們要運用來自烹飪、**生物學**、化學和物理學實驗室的各種科技。你將會學到如何讓食物發光、如何將液態的飲料變成固態的食物，還有如何分離出**DNA**和植物的**色素**。你也會製作出簡易版的**熱量計**，用來測量食物中含有多少熱量。

　　由於第四章的實驗涉及到比較先進的科技，難度大多都屬於進階。為了安全完成每個實驗，會需要大人多幫一點忙，但別讓這點阻礙你！這些科技實驗值得你花時間嘗試，你一定會很驚訝，原來在自己家的廚房也可以做出這些東西！

點亮果凍：
廚房裡的
生物發光物質

難度：中等

混亂度：有點混亂

最佳享用方式：零食或甜點

準備時間：無

全程時間：製作10分鐘，將果凍置於冰箱凝固4小時

成品份量：4份

生物發光這個科學術語，是指生物發出亮光的現象，在水母和許多深海生物身上都能看到。在這個實驗中，我們要用一種特殊的水做出特製果凍，看看哪一種口味（和顏色）的果凍最亮。不同口味的果凍，發出的光會不一樣嗎？

警告：熱的液體可能造成危險，請找大人幫忙將煮滾的通寧水和熱果凍倒入容器。

步驟

1. 將1杯通寧水倒入4杯量的透明耐熱液體量杯。

2. 將裝有通寧水的量杯，放在微波爐中並加熱1分鐘。

工具：

- 1個4杯量的透明耐熱液體量杯
- 微波爐
- 湯匙
- 4個235毫升的透明杯子（裝果凍用）
- 小型紫光燈或紫光手電筒

原料：

- 通寧水（或稱奎寧水）4杯（分開裝）
- 85克裝的果凍粉1盒
- 水2杯（分開裝）
- 85克裝的其他口味果凍粉1盒

假設：哪個口味的果凍在紫光燈下最亮？為什麼？

_____

_____

_____

_____

觀察重點：描述你用紫光燈照射這兩種口味的果凍時分別看到什麼。

_____

_____

_____

_____

結果：哪個顏色的果凍在紫光燈下最亮？

_____

_____

_____

_____

3. 檢查通寧水有沒有沸騰。如果已經沸騰，就繼續步驟4。如果沒有，請繼續用微波爐加熱通寧水，每次30秒，直到沸騰為止，然後繼續步驟4。

4. 將一包果凍粉倒入加熱後的通寧水中，攪拌到溶解為止。

5. 將1杯冷的或室溫的通寧水倒入果凍粉溶液，攪拌10秒。

6. 從先前準備的4個235毫升透明杯子中拿出2個，將果凍粉溶液分別倒成2杯。

7. 用另一包果凍粉重複步驟1到6。

8. 將果凍放入冰箱冷藏到凝固（2到4小時）。

9. 用紫光燈照射這兩種口味的果凍時，分別看到什麼？把你的觀察情況和結果記錄下來。

過程和原理

通寧水是一種用奎寧製成的汽水，帶有一點苦味。奎寧在紫光燈照射下會發光，這是因為奎寧會反射來自紫光燈的紫外線光，變成發光的可見光。當不同顏色的果凍反射紫外線光時，光線看起來就會不一樣。

隨手筆記：

_____

_____

_____

_____

_____

_____

_____

_____

_____

STEAM優勢：生物發光現象為生物實驗室裡的科學家帶來不少靈感，他們將微小的發光化學物質植入腦細胞、病毒、抗體和DNA後，有了許多驚人的科學發現！

進階挑戰！雖然我們做出來的生物發光果凍可以吃，但你可能會發現吃起來有點苦苦的，這是因為通寧水本身帶有苦味。想想看要如何改變實驗配方，讓發光果凍變好吃呢？

解開遺傳密碼：
DNA萃取果昔

工具：

- 攪拌機或食物調理機
- 量杯和量匙
- 2個小型（120到180毫升）塑膠杯子或容器
- 湯匙
- 2號錐形咖啡濾紙
- 橡皮筋
- 2個大型玻璃水杯

原料：

- 香蕉2根
- 水1杯，另備4小匙的水
- 透明有色的洗髮精1小匙
- 食鹽2小撮
- 冷凍草莓或覆盆子1杯
- 柳橙汁1杯
- 冷藏的異丙醇（外用消毒酒精）4小匙

難度： 進階
混亂度： 有點混亂
最佳享用方式： 早餐或零食
準備時間： 實驗開始前將異丙醇放在冰箱冷藏至少1小時
全程時間： 30分鐘
成品份量： 2份果昔

> **?** DNA是一種特殊的分子，每個**有機體**的DNA都不同。科學家常需要用到DNA樣本，來找出各種謎團和問題的解答。所有細胞裡都有DNA，但是要取出DNA並不容易。科學家需要什麼工具來萃取細胞中的DNA？

! 警告：攪拌機插電之前，一定要確認攪拌機的蓋子已經蓋緊。異丙醇如果濺到眼睛會造成刺痛，請配戴護目鏡，並請大人幫你倒異丙醇。

步驟

1. 在攪拌機或食物調理機中，放入1根香蕉和1杯水，攪拌到呈現滑順的泥狀。

2. 從準備好的2個小塑膠杯中拿出1個，緩慢的倒入1小匙洗髮精、2小撮鹽和4小匙的水，並慢慢攪拌，不要讓混合物起泡。

3. 從步驟1中香蕉與水的混合物挖取3小匙，加進步驟2的洗髮精鹽水混合物裡，慢慢攪拌5到10分鐘。

4. 將2號錐形咖啡濾紙放在第二個小塑膠杯裡。將濾紙打開，把開口的邊緣沿著杯緣往下折，確認濾紙底部不會碰到杯底，然後用橡皮筋把濾紙綁好固定。

5. 將步驟3的混合物倒入步驟4的濾紙中，濾紙杯的底部會慢慢充滿透明的液體。

6. 在過濾混合物的同時，回到攪拌機前。將1根香蕉、1杯冷凍草莓和1杯柳橙汁放入攪拌機，攪拌到呈現滑順的泥狀。將果昔倒入2杯玻璃水杯，就可以享用了。

7. 現在，你的濾網杯底部應該已經有至少1小匙的透明液體。請小心的拆掉橡皮筋，在不要動到透明液體的情況下把濾網拿起來，將橡皮筋跟濾網丟掉。

8. 將異丙醇從冰箱拿出來，再次用非常慢的速度，在透明液體上面倒一層異丙醇，將溶液靜置2到3分鐘，香蕉的DNA就會出現，看起來就會像一朵白雲飄在透明液體中。

假設：清單中的哪些原料可以萃取出細胞中的DNA？

————————————

————————————

————————————

————————————

觀察重點：在實驗的過程中，觀察DNA像白雲一樣浮現出來的過程。

————————————

————————————

————————————

————————————

結果：DNA是實驗的哪一個階段顯現？是哪一個原料的效果？

————————————

————————————

————————————

————————————

這個實驗利用三種原料**萃取**DNA，分別是鹽、洗髮精和異丙醇。洗髮精會將香蕉的分子分解，釋出包覆在香蕉細胞最深處的DNA；鹽可以讓微小的DNA分子結構更穩定；異丙醇則可以讓DNA顯現出來。

隨手筆記：

_____

_____

_____

_____

_____

_____

_____

_____

_____

STEAM優勢：生物科技是一個發展中的領域，這個領域的科學家和工程師會運用科技來了解生物。DNA包含了生物的遺傳密碼，科學家可以藉由萃取DNA來解析這些密碼。

進階挑戰！所有生物的細胞都包含DNA，你可以嘗試用草莓或自家種的小麥草來進行這個實驗。

神奇晶球：
分子料理入門課

難度：中等

混亂度：有點混亂

最佳享用方式：零食，或是當作鬆餅的**點綴配料**

準備時間：實驗開始前將2杯油冷藏4小時

全程時間：製作晶球30分鐘，試吃5分鐘

成品份量：約1/2杯晶球

> 晶球化是一種烹飪科技，可以讓廚師將液體變成美味的固態晶球。不論是果汁、熱可可還是湯，任何液體都可以凝聚成小小一口的美味晶球。當熟悉的食物變成另一種口感，吃起來會不一樣嗎？

 警告：熱的液體可能造成危險，請找大人幫你倒冒煙的果汁。

📋 步驟

1. 拿出準備好的2個液體量杯中其中1個，並倒入2大匙的果汁。

2. 將1包吉利丁粉倒入果汁中，攪拌20秒。

3. 將1/4杯果汁倒入第二個液體量杯。

 🔧 工具：

- 量匙
- 2個2杯量的透明耐熱液體量杯
- 湯匙
- 微波爐
- 擠壓瓶
- 篩網
- 碗

📙 原料：

- 果汁2大匙，另備1/4杯
- 無調味吉利丁粉1包（7克）
- 冷藏的芥花油或植物油2杯

從廚房發展的科技產品   **65**

4. 用微波爐加熱10秒，然後攪拌一下。

5. 重複到果汁冒煙為止，但不要讓果汁煮沸。

6. 將冒煙的果汁倒入步驟1和2的液體量杯，然後攪拌1分鐘。

7. 將步驟6中果汁和吉利丁溶液的混合物倒進擠壓瓶。

8. 將擠壓瓶放入冰箱冷藏10分鐘，但不要超過時間（否則會硬化）。

9. 從冰箱中拿出擠壓瓶和冷藏的油。

10. 將果汁和吉利丁溶液的混合物從擠壓瓶慢慢滴入冷油中。你可以隨意調整每次滴的量，多嘗試幾種不同的大小！

11. 把果汁和吉利丁溶液的混合物用完之後，慢慢將冷油和吉利丁果汁晶球倒入篩網。如果你想用這些油再做一批晶球，可以在篩網下面放一個容器接住。

12. 油流光之後，把殘留在晶球上的油沖洗掉。

13. 將篩網裡的晶球倒進碗裡。

14. 找個實驗對象（例如爸爸媽媽或兄弟姊妹），請對方試吃晶球，猜猜看是用什麼做的。果汁變成固態後，對方還認得出味道嗎？把你的觀察情況和結果記錄下來。

假設：實驗對象能分辨出你的神奇晶球是什麼口味嗎？

_____

_____

_____

觀察重點：實驗對象猜測是什麼口味？

_____

_____

_____

結果：實驗對象有猜出是什麼口味嗎？

_____

_____

_____

吉利丁遇冷時，會從液體變成固體。在這個實驗中，我們讓吉利丁快速冷卻，形成好幾顆晶球。這些晶球不會黏在一起，因為吉利丁不溶於油。不過，果汁的味道並不會因此而改變。

隨手筆記：

STEAM優勢： 晶球化源自一個更廣大的烹飪領域，叫做分子料理。製作分子料理的廚師會利用化學原理，從食物中分離出美味關鍵所在的味道分子和營養成分。

進階挑戰！ 把楓糖漿做成晶球，來一頓清爽乾淨的鬆餅下午茶吧！你可以準備一份鬆餅的食譜，在每塊鬆餅翻面之前灑上3到7顆楓糖漿晶球。當你一口咬下鬆餅的時候，晶球就會爆開、釋出楓糖漿的風味。

零食著火了：
火焰起司玉米泡芙

難度：進階
混亂度：有點混亂
最佳享用方式：零食
準備時間：無
全程時間：設置熱量計10分鐘，燒食材5分鐘
成品份量：1到2人份的零食

卡路里是計算食物熱量的單位，食品化學家會製作熱量計來測量食物中到底含有多少熱量。在這個實驗中，我們要自製熱量計，來解答一個燒腦的問題：起司玉米泡芙和棉花糖，哪一個卡路里比較高？

警告：火勢非常危險，使用火柴及燃燒零食的時候，請配戴護目鏡並找大人幫忙操作。

👆步驟

1. 設置熱量計：將耐熱細木棒穿過空汽水罐的拉環洞，再用夾子把細木棒固定在架子上，讓空汽水罐懸掛在廚房檯面上頭，底下至少有15公分的空間。

2. 將7大匙的水倒入空汽水罐。

✒ 工具：

- 耐熱細木棒（例如泡過水的長竹籤）
- 空的汽水瓶
- 2到4個夾子，例如曬衣夾
- 架子（例如空的碗盤收納架）
- 煮糖用溫度計
- 棉花糖燒烤叉
- 火柴

📕 原料：

- 水7大匙
- 泡芙起司玉米棒1包
- 棉花糖10顆

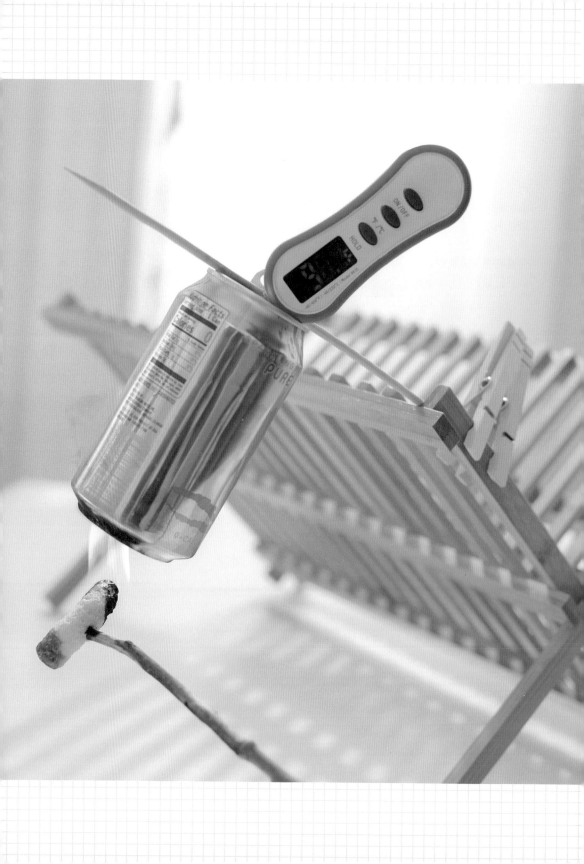

3. 小心的將溫度計放入汽水罐。

4. 把一顆起司玉米泡芙插在棉花糖燒烤叉上面。

5. 觀察汽水罐中的水溫。

6. 請大人幫忙，用火柴點燃剛才插好的起司玉米泡芙。

7. 將燃燒的起司玉米泡芙放在汽水罐的正下方，直到完全燒完，或是燒到太小、無法固定在燒烤叉上為止。請不要去摸燒燙的起司玉米泡芙。

8. 觀察汽水罐中的水溫。

9. 用棉花糖重複步驟2到8。

10. 把你的結果記錄下來。

11. 如果餓了，可以把剩下的起司玉米泡芙和棉花糖吃掉，超好吃的！

過程和原理

我們吃東西，是因為食物中含有身體所需的熱量。食物的熱量來自食物分子中的化學鍵。當食物燃燒時，化學鍵的能量就會轉化成熱能，使汽水罐裡的水升溫。讓水加熱最多的零食，所含的熱量最高。

假設： 你覺得起司玉米泡芙和棉花糖哪一個的熱量比較高？為什麼？

_____

_____

_____

_____

觀察重點： 列出這兩種零食燃燒之前和之後的水溫。

_____

_____

_____

_____

結果： 哪一種零食讓水加熱最多？

_____

_____

_____

_____

隨手筆記：

_____

_____

_____

_____

_____

_____

_____

_____

_____

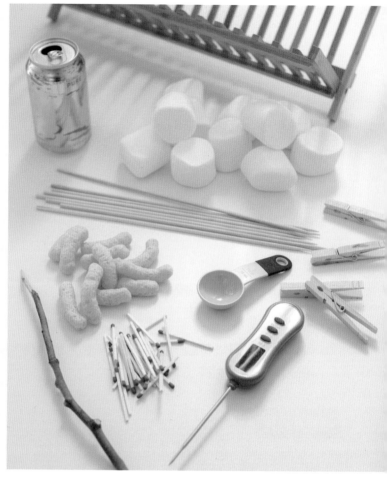

STEAM優勢：透過食品雜貨店銷售的加工食品，依法都必須貼有食品標籤。食品科學家會用熱量計這種科技產品，測量起司玉米泡芙、棉花糖、洋芋片和蝴蝶餅等各種食品含有多少卡路里。

進階挑戰！水溫每上升一度，大概代表有0.1大卡（100卡）的熱量。這兩種零食各有多少卡路里呢？用數學算算看吧！

隱形的色素：
菠菜的色層分析法

難度：進階
混亂度：有點混亂
最佳享用方式：午餐或晚餐
準備時間：無
全程時間：30分鐘
成品份量：2份小菜沙拉

> 色素分子可以讓蔬菜呈現鮮明的顏色。我們知道葉子大多都是綠色，但菠菜葉只有綠色一種顏色嗎？如果把葉片中的顏色分離出來，會看到幾種顏色？

警告：異丙醇如果濺到眼睛會造成刺痛，請配戴護目鏡，並請大人幫你倒異丙醇。

✊步驟

1. 從咖啡濾紙裁下一個長形紙條，長度要比杯子長約1公分，寬度約2.5公分。

2. 用尺從濾紙條末端往上量2公分，用鉛筆在濾紙條的這個位置畫一條橫線。

3. 將菠菜葉平放在濾紙條上，直接蓋住鉛筆畫的線條。小心的用硬幣沿著鉛筆線滾過菠菜上面，然後把菠菜拿起來。現在，在濾紙條末端往上2公分處的鉛筆線條上面，應該會有一條細細的綠線。

4. 將濾紙條的頂端貼在鉛筆上，鉛筆平放在杯子

✏️工具：

- ⊙ 1個白色的錐形咖啡濾紙
- ⊙ 剪刀
- ⊙ 尺
- ⊙ 鉛筆
- ⊙ 硬幣
- ⊙ 透明杯子
- ⊙ 膠帶
- ⊙ 異丙醇（外用消毒酒精）
- ⊙ 廚房紙巾

📋原料：

- ⊙ 菠菜葉2杯
- ⊙ 草莓片1杯
- ⊙ 你喜歡的沙拉醬2大匙

假設：列出你覺得會在菠菜葉中找到哪些顏色。

_____

_____

_____

_____

觀察重點：你看到什麼有趣的圖形或線條？

_____

_____

_____

_____

結果：列出你運用色層分析法發現的顏色

_____

_____

_____

_____

_____

上面時讓濾紙條垂下來，幾乎快碰到杯底。

5. 請大人幫你在杯子裡倒入外用消毒酒精（異丙醇），倒到1公分的高度。濾紙條的最末端會泡在外用消毒酒精裡，除此之外，不要讓外用消毒酒精碰到濾紙條的其他部分。菠菜印出的綠線必須高於外用消毒酒精。

6. 外用消毒酒精會沿著濾紙條往上，觀察菠菜線碰到消毒酒精時會發生什麼變化。當消毒酒精差不多吸到濾紙條頂端時，將濾紙條從杯中取出，放在廚房紙巾上。把你的觀察記錄下來。

過程和原理

菠菜葉有四種色素分子，分別是淺綠、深綠、橘色和黃色。橘色和黃色比較淺，所以會被深綠色蓋過。雖然我們平常看不到這些隱藏的顏色，但它們有著重要的作用。色素可以幫助葉片從陽光獲得能量，透過**光合作用**的過程轉化成葡萄糖。

STEAM優勢：色層分析法是化學實驗室常運用的工作，可以分析出重要的分子。維生素是很重要的食物分子，可以幫助人體中的酵素發揮作用。我們會在下一章進一步認識酵素。

進階挑戰！用剩下的菠菜葉製作美味可口的草莓菠菜沙拉吧！先在2個盤子中各放一半的菠菜葉，然後在2盤中各放一半的草莓，接著為兩份沙拉各淋上一半的沙拉醬，就可以享用繽紛的美味沙拉了。

料理小知識：
艾維・提斯的廚藝革新

　　艾維・提斯（Herve This）是一位聞名全球的法國大廚，同時也是一名化學家。1988年，提斯與別人共同開創了分子料理這個全新的科學領域，研究食物分子和烹飪過程中發生的變化。他致力找出讓食物產生風味的分子並分離出來，後來更運用自己的學識，在實驗室裡研究出製作**人工**香料的方法。

　　他另一項有名的事蹟，就是開發出新技術，以粉末和泡沫的形式提供人體所需的能量，如**澱粉**和蛋白質等。一頓用粉末、泡沫和調味香精做出來的晚餐，聽起來好像不怎麼好吃，但廚師運用提斯的研究成果在廚房大展身手，做出許多美味菜餚。

　　如今，艾維・提斯致力於Note by Note烹飪法（簡稱NbN烹飪法），利用含有營養素的特殊風味分子，製作出味道熟悉又大幅減少食物浪費的料理。提斯相信NbN烹飪法可以解決世界上的飢餓問題，因為分子食物很小、很輕，而且不像天然食物那麼容易腐壞。或許還要再過20年以上，我們才會看到這些科技出現在一般家庭的廚房裡。目前，即使是在全球最高檔的廚房，分子料理還是很難抵過一口咬下新鮮甜美的蘋果時，那種純粹天然的口感。

第5章

料理的工程運用
ENGINEERING

歡迎來到精采的工程世界！工程師會藉由提問來了解現實生活中有哪些困難需要解決，並且運用數學來設計解決方法。而且，工程師常採取團隊合作，這樣可以互相交流想法、展示設計，並跟別人討論可能有哪些解釋和解決方法。

　　化學工程在廚房扮演著非常重要的角色，我們所享用的食物，有很多都是運用工程學上的發現製作出來的。比方說，食品雜貨店販賣的起司有好多不同的口味，就是來自化學工程的發現。食品科學家在實驗中找出能讓食物保持新鮮美味又美觀的方法；在本章的實驗中，我們會把化學工程的觀念運用在水果、蔬菜、起司、法式土司、鬆餅和餅乾上，還會用機械工程的方法製作一台太陽能烤箱，並建造出三種可以吃的結構體（其中一個是簡單的機械）。

　　這個世界上充滿各種難解的問題，所以工程師常常很辛苦，也很常失敗。錯誤和意外產生的結果，都是工程學的一環。如果你在做哪一個工程實驗時必須重來，別忘了，你可能正在朝成功邁進！

鳳梨的祕密武器：
果凍大危機

難度：中等

混亂度：有點混亂

最佳享用方式：零食或甜點

準備時間：無

全程時間：製作果凍10分鐘，外加觀察時間30分鐘

成品份量：4份水果果凍

> **?** 你知道以前很流行的果凍沙拉裡，絕對不會放鳳梨嗎？如果放了鳳梨，整道甜點會融化成一灘液體！現在就來看看是怎麼回事，如果廚師改用罐頭鳳梨或鳳梨乾做這款果凍，會成功嗎？

 警告：處理熱的液體和銳利的器具時，一定要請大人幫忙。

步驟

1. 用液體量杯量出2杯水，再放到微波爐中加熱2分鐘。

2. 將1包果凍粉倒入2杯液體量杯的熱水中，攪拌到果凍粉溶解。

3. 將2杯冷水倒入果凍粉溶液中。

4. 把果凍粉溶液倒成4杯。

✏ 工具：

- 1個4杯量的透明耐熱液體量杯
- 微波爐
- 量杯
- 湯匙
- 4個235毫升的透明杯子
- 刀
- 廚房紙巾

📋 原料：

- 水4杯（分開裝）
- 85克裝的果凍粉1盒
- 鳳梨乾1/4杯
- 罐頭鳳梨1/4杯
- 新鮮鳳梨1/4杯

假設：想想看，用新鮮鳳梨、鳳梨乾和罐頭鳳梨，哪一種做出來的果凍會最成功呢？

―――――――――

―――――――――

―――――――――

―――――――――

觀察重點：經過5分鐘、15分鐘和30分鐘，你的鳳梨發生什麼事？請務必在旁邊觀察你的實驗品，並留意任何出現在果凍表面的液體。

―――――――――

―――――――――

―――――――――

―――――――――

―――――――――

結果：哪一種鳳梨效果最好？

―――――――――

―――――――――

―――――――――

―――――――――

5. 將果凍粉溶液放入冰箱冷藏約一小時，直到大致凝固。

6. 在果凍粉溶液冷卻的過程中，將每種鳳梨分別切成小塊。把罐頭鳳梨和新鮮鳳梨放在廚房紙巾上吸乾。

7. 在果凍粉溶液大致凝固後，將1/4杯的切塊鳳梨乾平放在其中一杯的果凍凝膠上。

8. 在另外兩杯果凍中放上切塊的罐頭鳳梨和新鮮鳳梨。要確定罐頭鳳梨已經吸乾，不要有多餘的水碰到果凍。

9. 現在，你有1杯鳳梨乾果凍、1杯罐頭鳳梨果凍，還有1杯新鮮鳳梨果凍，第四杯果凍是對照組。

10. 在經過5分鐘、10分鐘和30分鐘時，觀察4杯果凍的狀況。每種鳳梨塊下面的果凍凝膠發生了什麼事？把你的觀察情況和結果記錄下來。

隨手筆記：

_____

_____

_____

_____

_____

_____

_____

_____

_____

過程和原理

鳳梨含有一種會破壞果凍凝膠的分子，叫做蛋白酶。鳳梨在乾燥或製成罐頭的過程中，會經過加熱。受熱會使蛋白酶變性，也就是受到破壞，讓蛋白酶無法發揮作用。鳳梨只要加熱到42℃以上，其中的蛋白質就會變性，也就不會讓要做果凍的廚師傷腦筋了。

STEAM優勢：研究化學的科學家經常要面對的難題，就是如何減少某些分子造成的困擾。在這個實驗中，你已經找到方法，解決鳳梨的蛋白酶分子所造成的問題。

進階挑戰！美國在1960到1970年代很流行果凍沙拉，一般會用有造型的器皿當「模具」製作這道甜點。你可以在網路上搜尋「果凍沙拉食譜」（或用英文「Jell-O mold recipes with fruit」），選擇你覺得適合的食譜。相信這道復古的甜點會讓你的親朋好友印象深刻！

真假蘋果派：狡猾的櫛瓜

工具：

- 適合切蘋果和櫛瓜的刀
- 湯匙
- 1個大平底鍋
- 鍋鏟
- 火爐
- 2個大碗
- 量杯和量匙
- 食物處理機
- 2個有框的餅乾烤盤
- 烤箱
- 隔熱手套

原料：

- 水4杯（分開裝）
- 85克裝的果凍粉1盒
- 鳳梨乾1/4杯
- 罐頭鳳梨1/4杯
- 新鮮鳳梨1/4杯

難度：進階
混亂度：有點混亂
最佳享用方式：甜點
準備時間：櫛瓜和蘋果切片10分鐘
全程時間：製作派1小時，烤派30分鐘，等派冷卻1小時，試吃10分鐘
成品份量：2個派

> **?** 食品科學家可以製作仿造成其他食物的產品，騙過我們的感官。在這個實驗中，我們要製作兩種版本的蘋果派，然後進行試吃。別人吃得出真假蘋果派的差異嗎？如果可以，原因是什麼？

！ 警告：使用烤箱、火爐和刀具時必須有大人陪同。

👊 步驟

1. 將2到3顆大櫛瓜去皮，直切成兩半，然後用湯匙挖出櫛瓜中間的種子。將櫛瓜橫切成0.5公分厚的片狀，量大約6杯。

2. 將櫛瓜片、3大匙檸檬汁和一小撮鹽一起放入平底鍋。

3. 開中火，用平底鍋煎煮櫛瓜。不要讓櫛瓜焦掉，但要煮到變軟，可以用鍋鏟不時拌炒。

4. 關火。

5. 在等待櫛瓜變涼的同時，將4到7顆蘋果切成0.5公分厚的片狀，量大約5杯。

6. 將櫛瓜片放到一個大碗裡，蘋果片則放入另一個大碗。

7. 在裝有蘋果片的碗中，加入3大匙檸檬汁和一小撮鹽。

8. 在兩個碗中分別加入1又1/4杯紅糖。

9. 在兩個碗中分別加入1又1/2小匙肉桂粉。

10. 在兩個碗中分別加入一小撮肉豆蔻粉。

11. 在兩個碗中分別加入2小匙塔塔粉。

12. 在兩個碗中分別加入1/4杯麵粉。

13. 攪拌兩個碗裡的混合物，直到櫛瓜派和蘋果派的配料都完全混合均勻。

14. 將假蘋果派（櫛瓜派）的配料倒進其中一個派皮裡。

15. 將蘋果派的配料倒入另一個派皮。

16. 將烤箱預熱至200℃。

17. 將2杯麵粉、1杯糖、1/2杯紅糖、3小匙肉桂粉和1小匙鹽倒入食物處理機，攪打兩次讓這些原料混合。

18. 將奶油加入混合物中，攪打5到12次，直到混合物看起來像濕濕的沙子。

▌原料：

派
- 大櫛瓜2到3顆
- 1顆檸檬擠出的檸檬汁（約6大匙）
- 鹽 2 小撮 （ 分開裝）
- 大蘋果4到7顆
- 紅糖2又1/2杯（分開裝）
- 肉桂粉3小匙（分開裝）
- 肉豆蔻粉2小撮（分開裝）
- 塔塔粉4小匙（分開裝）
- 中筋麵粉1/2杯（分開裝）
- 附鋁箔盤的現成派皮2個

配料
- 麵粉2杯
- 糖1杯
- 紅糖1/2杯
- 肉桂粉3小匙
- 鹽1小匙
- 無鹽奶油12大匙（切成1.5公分的塊狀，放在冰箱冷藏）

假設：想想看，別人能不能分辨出真假蘋果派的差異呢？

_____

_____

_____

_____

觀察重點：假蘋果派和真蘋果派相比之下有什麼差別？

_____

_____

_____

_____

結果：別人吃得出這兩種派的差異嗎？

_____

_____

_____

_____

19. 將混合物分成兩份，分別倒在兩個派的上面。

20. 將兩個派放在有框的餅乾烤盤上。

21. 放入烤箱，以200℃烘烤30分鐘。

22. 將派從烤箱中取出，靜置1小時放涼。

23. 邀請親朋好友品嘗這兩個派。不要告訴試吃的人派裡是什麼料，但你自己要知道哪個派裡面是什麼！自己吃吃看，把你的觀察情況和結果記錄下來。

過程和原理

身為食品科學家，我們可以運用香料來騙過人的感官。當我們嘗到肉桂粉、肉豆蔻、檸檬和糖的味道，就算派裡根本沒有蘋果，仍自然而然想到蘋果派。有些仿造的食物比本尊來得不健康，但並非必然如此。像在這個實驗中，你用的就是一種健康的蔬菜！你的試吃員分得出差異嗎？

STEAM優勢：如果某道料理本來的原料不容易取得或是太昂貴，食品化學家可以創造出美味的仿造版本。工程師只要了解味覺的科學原理，就可以設計出味道非常相似的食譜。

進階挑戰！下吃義大利麵或肉醬三明治時，可以在番茄肉醬裡頭加1杯南瓜泥，這樣就能不知不覺地多攝取一種蔬菜喔！

起司圓舞曲：
克索布蘭可乳酪

難度：中等

混亂度：中等混亂

最佳享用方式：午餐、晚餐或零食

準備時間：準備用品5分鐘

全程時間：製作起司1小時，等待起司凝固1.5小時

成品份量：1小塊起司（約3/4杯）

食品科學家會去除牛奶中的水分，製作出起司。在這個實驗中，我們會利用加熱和酸性物質來製作一種基本款起司，叫做**克索布蘭可起司**（queso fresco）。克索布蘭可起司不論是油炸、炙烤還是塗抹在麵包上都很好吃，但它不會融化。為什麼克索布蘭可起司會有這樣的質地和風味呢？

⚠️ **警告**：使用火爐和加熱牛奶時，要有大人陪同。

👆 步驟

1. 將瀝水盆放在碗裡。

2. 在瀝水盆上面鋪4層過濾紗布。

3. 將溫度計夾在鍋子的側邊，讓溫度計的探針可以深入鍋內，但不會碰到鍋子的底部或側面。

4. 將1.9公升的全脂牛奶倒入鍋子裡。

🔧 工具：

- 瀝水盆
- 碗
- 過濾紗布
- 附固定夾的煮糖用溫度計
- 鍋子
- 火爐
- 湯匙
- 量杯和量匙
- 撈勺
- 盤子
- 矽膠糖果模
- 4杯量的液體量杯
- 塑膠保鮮盒

📋 原料：

- 全脂牛奶1.9公升（可以使用經過殺菌的鮮奶，但不要使用採超高溫殺菌的牛奶）
- 白醋1/3杯
- 鹽1小匙

假設：自製起司會有什麼口感和味道呢？

_____

_____

_____

_____

觀察重點：記錄你在起司製作過程中看到的變化和聞到的氣味。

_____

_____

_____

_____

結果：描述起司的口感。味道如何？

_____

_____

_____

_____

5. 開中火，將牛奶加熱到75℃到85℃之間，然後關火；這個過程大約需要15分鐘。每分鐘至少需要輕輕攪拌牛奶一次。

6. 將1/3杯白醋分5到6次慢慢加入牛奶中，每一次加完都要輕輕攪拌牛奶。

7. 鍋子裡的液態乳清會變透明，你也會看到白色的凝乳開始成形。把你的觀察情況記錄下來。將凝乳和乳清靜置15分鐘，好完成分離過程。

8. 用撈勺將凝乳從乳清中舀出來。把舀出來的凝乳放在瀝水盆裡的過濾紗布上面，灑上鹽。

9. 將瀝水盆中的凝乳靜置20分鐘，瀝乾乳清。拿一個盤子蓋在瀝水盆上，以免起司沾染髒汙。

10. 用湯匙舀出一點起司，填入矽膠糖果模。起司在這個階段可以隨意塑形，所以會變成和模具一樣的形狀。

11. 將過濾紗布的四角拉起來，打結綁緊，剩下的起司會在過濾紗布裡變成球狀。把起司留在瀝水盆裡。

12. 拿4杯量的液體量杯壓在起司上面，擠出更多乳清。將起司靜置1個半小時。

13. 打開過濾紗布，用乾淨的雙手將起司移到塑膠保鮮盒裡。試吃起司，把你的結果記錄下來。記得將起司存放在冰箱裡。

將牛奶加熱並加入酸性的醋之後，牛奶就會分離成凝乳（由蛋白質和脂肪組成）和乳清（主要成分是水）。擠壓起司可以排出多餘的乳清，讓起司成形。起司的口感和風味，就是來自這些步驟。

隨手筆記：

_____

_____

_____

_____

_____

_____

_____

_____

_____

STEAM優勢：起司是食品工程史上最早的發現之一。歷史學家認為，起司的發現，是因為有人不小心把牛奶放到發酸了……感覺有點噁心呢！如今，現代科技讓我們可以製作出各種風味和口感的起司。

進階挑戰！你覺得製作起司好玩嗎？如果喜歡，可以考慮買一套起司自製材料包。網路上有很多熱門口味的起司材料包，像是莫札瑞拉起司和切達起司等，很容易買到。

最美妙的滋味：梅納反應與法式土司

🔧 工具：

- ➔ 寬口淺盆
- ➔ 量杯和量匙
- ➔ 打蛋器或叉子
- ➔ 2個平底鍋
- ➔ 火爐
- ➔ 鍋鏟

📋 原料：

- ➔ 雞蛋2顆
- ➔ 牛奶1/2杯
- ➔ 香草精1/2小匙
- ➔ 肉豆蔻粉1/4小匙
- ➔ 奶油2大匙
- ➔ 土司4片

假設：你覺得鍋子要多熱，才能啟動梅納反應？

_____

_____

_____

_____

_____

難度：中等
混亂度：有點混亂
最佳享用方式：早餐
準備時間：混合法式土司的蛋液5分鐘
全程時間：20分鐘
成品份量：2人份早餐

 你有沒有想過，為什麼法式土司在煎的過程中會出現美麗的金黃色澤，還有層次豐富的滋味？在這個實驗中，我們要來認識梅納反應，這是蛋白質和糖同時受熱時會出現的一種重要化學變化。要怎麼樣才能讓法式土司開始變成金黃色呢？

 警告：用火爐煮東西時，一定要有大人陪同。

👆 步驟

1. 製作法式土司的蛋液：將2顆雞蛋、1/2杯牛奶、1/2小匙香草精和1/4小匙肉豆蔻粉放入淺盆中，用打蛋器拌勻。

2. 在2個平底鍋中各放1大匙奶油。

3. 將其中一個火爐開小火。

4. 將第二個火爐開到中火。

5. 拿一片土司沾取法式土司的蛋液,要讓整塊土司都吸附到。將土司放入開小火的平底鍋,靠一邊擺放。再用第二片土司重複這個步驟,所以平底鍋裡總共會有兩片土司。

6. 重複步驟5,再放兩片土司到開著中火的平底鍋裡。

7. 仔細觀察四片法式土司的狀態,在底下那面變成金黃色時翻面。

8. 把你的觀察情況和結果記錄下來。

過程和原理

梅納反應會在140℃時真正發揮作用。煎炒、炙烤及烘焙食物時,若溫度達到140℃以上,就會啟動一連串的作用,讓糖和蛋白質出現化學反應,產生改變食物顏色和風味的分子。

結果:哪一種火力能煎出顏色最金黃漂亮的法式土司?

_____
_____
_____
_____

STEAM優勢:溫度計這種科技產品,可以讓科學家找出最適合發生化學反應的溫度。

進階挑戰!把法式土司放在平底鍋裡,改用大火來煎。在不把法式土司煎焦的情況下,溫度可以到多高?

蘋果饗宴：
肉桂蘋果鬆餅

 工具：

- 量杯
- 煮開水用的茶壺或水壺
- 砧板
- 刀
- 3個碗

製作鬆餅用（可省略）

- 4杯量的液體量杯
- 量匙
- 湯匙
- 鬆餅鍋或平煎鍋
- 火爐
- 鍋鏟

原料：

- 水2杯
- 蘋果1顆
- 用檸檬擠出的檸檬汁（約1/2杯）

難度：簡單

混亂度：有點混亂

最佳享用方式：早餐

準備時間：切蘋果與煮開水5分鐘

全程時間：15分鐘

成品份量：1份當零食的蘋果或4人份的鬆餅

 很多人不喜歡蘋果變黃之後的外觀或味道。這個工程實驗的挑戰，就是找出最好的辦法，讓蘋果在接觸到空氣之後慢一點變黃。檸檬汁和熱水，哪一種能讓蘋果比較慢變黃？

警告：切蘋果、煮開水還有用火爐煎鬆餅時，都一定要有大人陪同。

步驟

1. 將2杯水倒入茶壺，請大人幫忙打開火爐將水煮滾。

2. 將一顆蘋果切成4等份。

3. 將每份蘋果各切成2到8片薄片。

4. 從準備好的3個碗中拿一個，放入1/4的蘋果片，然後倒入高度可以蓋過蘋果片的熱開水。

5. 在第二個碗中放入1/4的蘋果片，倒入高度可以蓋過蘋果片的檸檬汁。

6. 在第三個碗中放入1/4的蘋果片，不用再加其他東西；這一碗是對照組。

7. 讓蘋果片在碗裡靜置5分鐘。等待時，可以吃掉沒用到的那一份蘋果片。

8. 5分鐘後，把你的觀察情況記錄下來，注意蘋果的外觀和味道變得如何。如果對照組那一碗裡的蘋果還沒有變黃，就多等5分鐘再記錄。

過程和原理

蘋果跟許多蔬菜水果一樣，含有許多酵素。酵素是會加速化學反應的蛋白質，蘋果片會變黃，是因為酵素發揮**催化**的作用，讓蘋果中的天然化學成分和空氣中的氧加速反應。檸檬汁中的酸性物質和熱開水的熱度，都可以讓酵素變性，減緩蘋果變黃的反應。

STEAM優勢：食物要是看起來不好吃，那可就麻煩了。所以，食品科學家會運用科技來停止不討喜的酵素性褐變，讓食物的外觀看起來和實際吃起來一樣美味。

進階挑戰！用剩下的蘋果片製作蘋果肉桂鬆餅吧！你可以依照鬆餅粉的說明先準備好一份鬆餅麵糊，在麵糊中混入1小匙肉桂粉，然後請大人陪你一起煎鬆餅，在每塊鬆餅的麵糊開始冒泡時，放上一片薄薄的蘋果片（先放好再把鬆餅翻面）。

製作鬆餅用（可省略）

→ 鬆餅粉
→ 肉桂粉1小匙
→ 水、牛奶和/或雞蛋

假設：你覺得檸檬汁和熱開水哪個更能減慢蘋果變黃的速度？

_____
_____
_____
_____

觀察重點：你注意到蘋果片有什麼變化？

_____
_____
_____
_____

結果：哪一碗蘋果最快變黃？哪一碗最慢變黃？這些蘋果吃起來如何？

_____
_____
_____
_____

蛋白霜的科學原理：
椰香蛋白餅

難度：中等
混亂度：有點混亂
最佳享用方式：甜點
準備時間：無
全程時間：準備時間25分鐘，烘焙時間12分鐘
成品份量：2到3打餅乾

> 廚師常常會將蛋白打發成泡沫般的霜狀，運用在料理中，這樣可以讓烘焙食品產生獨特的口感。在這個實驗中，我們要製作兩種蛋白霜，比較它們的紮實度和穩定性。在用烤箱把蛋白霜餅乾烤出漂亮的金黃色澤時，我們也會再次看到梅納反應。在打發蛋白之前跟之後加糖，哪一種做法可以做出最紮實的蛋白霜呢？

警告：使用電動攪拌機和烤箱時，一定要有大人陪同。不要生吃沒煮熟的蛋。

步驟

1. 將烤箱預熱到190℃，並在兩個餅乾烤盤上各舖一張烘焙紙。

2. 將3顆雞蛋的蛋白倒入攪拌盆，使用電動攪拌機以高速打發，直到蛋白霜變得有光澤，且尖端可以維持直立的錐形（約需要6到7分鐘）。

🖊️工具：

- 烤箱
- 隔熱手套
- 2個餅乾烤盤
- 烘焙紙
- 大攪拌盆
- 電動攪拌機（手持式攪拌機或桌上型攪拌機皆可）
- 量杯
- 橡膠刮刀
- 湯匙
- 計時器

📋原料：

- 6顆雞蛋的蛋白（分開裝）
- 鹽2小撮（分開裝）
- 糖1杯（分開裝）
- 無糖椰子粉或椰子絲2杯

假設： 在打發蛋白之前和之後加糖，哪一種作法可以做出比較紮實的蛋白霜？把你的預測寫下來。

_____

_____

_____

_____

觀察重點： 寫下兩種蛋白霜塔的高度。

_____

_____

_____

_____

結果： 哪一種打發方法做出來的蛋白霜比較紮實？

_____

_____

_____

_____

3. 輕輕拌入1小撮鹽和1/2杯糖。

4. 將混合物倒進乾淨的盤子裡，用橡膠刮刀把蛋白霜堆成塔的形狀，越高越好。

5. 將剩下的3份蛋白和一小撮鹽放進同一個攪拌盆，用高速攪拌打發。

6. 當蛋白開始呈現霜狀時，一邊用攪拌器攪拌，一邊慢慢把剩下的1/2杯糖灑進去。

7. 繼續用高速攪拌，直到蛋白霜變得有光澤，且尖端可以維持直立的錐形（約需要9到10分鐘）。

8. 將混合物倒進乾淨的盤子裡，用橡膠刮刀把蛋白霜堆成塔的形狀，越高越好。

9. 用尺測量兩個蛋白霜塔的高度，並把你的觀察情況記錄下來。

10. 把最高的蛋白霜塔放回攪拌盆裡。

11. 將2杯無糖椰子粉或椰子絲加入攪拌盆，輕輕攪拌。

12. 將蛋白霜一匙一匙舀出，放在鋪好烘焙紙的餅乾烤盤上。你可以自己決定要把蛋白霜餅乾做得多大。

13. 將蛋白霜餅乾放入烤箱，烘烤12分鐘。烤好後關掉烤箱，將蛋白霜餅乾放在室溫下冷卻。

過程和原理

蛋白的成分是蛋白質,在打發之後會形成泡沫般的霜狀。糖的分子可以在蛋白霜成形時讓結構更穩固,但如果是在蛋白霜成形之後才加糖,就沒有這樣的作用。在打發蛋白之前加糖,就能做出比較紮實的蛋白霜。

隨手筆記:

_____

_____

_____

_____

_____

_____

_____

_____

_____

STEAM優勢:雞蛋中的蛋白質在打發時會變性,了解背後的原理,有助生物學家和醫生研究自然和人體中的蛋白質。

進階挑戰!如果你對製作蛋白霜已經很拿手了,可以在「學習資源」章節裡面找到巧克力覆盆子舒芙蕾的食譜。覆盆子果醬裡的果膠可以讓蛋白霜更綿密紮實,增加製作舒芙蕾的成功率喔!

光明的未來：
太陽能與烤棉花糖
巧克力夾心餅

工具：

- 2個連著蓋子的紙盒（例如披薩盒）
- 剪刀或多用途刀
- 2張黑色圖畫紙
- 鋁箔紙
- 透明保鮮膜
- 膠帶
- 氣溫計

原料：

- 全麥餅乾
- 巧克力片
- 棉花糖

假設：想想看，用黑紙和鋁箔紙舖在裡面的盒子，哪一個可以在太陽下變成更熱的烤箱？

_____

_____

_____

_____

難度：簡單
混亂度：有點混亂
最佳享用方式：零食或甜點
準備時間：在紙盒蓋子上裁出窗口3分鐘
全程時間：1到2小時，視戶外氣溫而定
成品份量：烤棉花糖巧克力夾心餅（想吃多少就做多少）

 地球每天都會吸收來自太陽的光和熱，也就是**輻射**。這種能量大多都沒被利用到，不過我們可以做個太陽能烤箱來製作烤棉花糖巧克力夾心餅，運用工程能力解決這個問題。在這個實驗中，我們要打造太陽能烤箱，用紙盒和舖在裡面的材料來留住太陽的熱能。什麼顏色可以把烤箱裡的溫度提升到最高呢？

警告：步驟1必須由大人進行。

步驟

1. 請大人幫忙，在兩個紙盒的蓋子上分別畫一個窗口，周圍邊框約2.5公分到5公分寬，然後把窗口裁開來。

2. 在其中一個紙盒裡舖上黑色圖畫紙。

3. 在另一個紙盒裡舖上鋁箔紙。

4. 用透明保鮮膜把窗口包起來，並用膠帶把保鮮膜貼在紙盒蓋上。

5. 在兩個紙盒裡面，分別平放半塊全麥餅乾。

6. 在全麥餅乾上面各放一塊巧克力片。

7. 在巧克力片上各放一顆棉花糖。

8. 把兩個太陽能烤箱的蓋子都蓋起來。

9. 將兩個太陽能烤箱放在室外的炎熱陽光下。

10. 每隔5分鐘就要用溫度計測量兩個烤箱各是幾度，並持續1小時。把你的觀察情況和結果記錄下來。

過程和原理

黑色的物體會**吸收**輻射，會反射的物體（包括鋁箔紙）則會反射輻射。所以，如果在太陽能烤箱的底層鋪黑紙，蓋子內層貼反射材質，應該能讓溫度達到最高。

STEAM優勢：地球每天都會接收大量的太陽輻射。太陽能板（一種能產生電力的黑色扁平裝置）這種科技產品，就是用來捕捉太陽的輻射能，轉換成電力供人類使用。

進階挑戰！你已經測試過基本款的太陽能烤箱了，不妨嘗試運用能吸收光的黑紙和能反射的鋁箔紙，設計出新的烤箱。你還可以修改烤棉花糖巧克力夾心餅的食譜，像是把全麥餅乾換成其他餅乾，或是把巧克力片改成任何口味的巧克力（包括杯型花生巧克力）！

觀察重點：記錄你在烤棉花糖巧克力夾心餅的烘烤過程中看到什麼。什麼東西最先融化？

_____
_____
_____
_____
_____
_____
_____

結果：用黑紙和鋁箔紙舖在裡面的太陽能烤箱，哪一個比較熱？兩個烤箱裡面各是幾度？

_____
_____
_____
_____
_____
_____
_____
_____

立體結構比比看：
水果軟糖與幾何學

難度：簡單

混亂度：中等混亂

最佳享用方式：甜點

準備時間：無

全程時間：第一天30分鐘，第二天15分鐘

成品份量：2份甜點

工具：

- 2個盤子
- 1盒牙籤

原料：

- 水 果 軟 糖 1 大 包
  （也可以用其他軟
  糖，像是Dots®軟
  糖、果 汁 軟 糖 或
  Swedish Fish®軟糖
  等）

? 建築工程師必須考慮到建築物的局部結構
如何承受壓力。建築物沉重的壓力，會經
由撐起建築物的樑分攤掉。你認為正方形
和三角形這兩種結構，哪一種最能分散壓
力、讓建築物長久屹立不倒？

警告：隨時和尖銳物體保持安全距離，包括牙籤在
內。如果想吃水果軟糖，實驗開始之前要先把手洗
乾淨。不要吃插過牙籤的水果軟糖，裡面可能會殘
留牙籤的碎屑。

步驟

1. 將4顆水果軟糖放在乾淨的盤子上，並排成正
   方形。

2. 用4根牙籤牢牢插在這4顆水果軟糖上面，將正
   方形固定住，整個正方形要平放在盤子上。

假設：以正方形和三角形搭建的立體構造，哪種比較堅固？

_____

_____

_____

_____

_____

_____

觀察重點：這兩種立體構造分別可以撐住幾本書？

_____

_____

_____

_____

結果：哪一種立體構造比較堅固？

_____

_____

_____

_____

_____

_____

3. 在每顆水果軟糖上，各插入1根直立的牙籤。

4. 在直立的牙籤上面，插上另外4顆水果軟糖，再用另外4根牙籤將這些水果軟糖接在一起固定，構成一個正方形。這樣一來，你就有一個水果軟糖做的立方體了。

5. 將水果軟糖立方體靜置一晚。

6. 在第二個盤子上放5顆水果軟糖，並排成五角形。

7. 用5根牙籤牢牢插在這5顆水果軟糖上面，將五角形固定住，整個五角形要平放在盤子上。

8. 在相鄰的2顆水果軟糖上插2根牙籤，頂端靠在一起，構成三角形的頂點。在這兩根牙籤頂端構成的頂點裝上1顆水果軟糖，就能完成這個三角形。

9. 重複剛才的步驟，完成5個用牙籤組成的三角形，頂端共會有5顆新的水果軟糖。

10. 再用5根牙籤把新加入的5顆水果軟糖接在一起固定，構成第二個五角形。

11. 在5顆新的水果軟糖上面各插1根牙籤，牙籤頂端都朝向五角形的中心。將最後一顆水果軟糖拿到上層五角形的中心，用這5根牙籤插住固定好。

12. 將這個立體構造靜置一晚。

13. 備註：為了明天的壓力測試，你可能會想製作3個立體構造。

14. 等兩個立體構造都乾了，牙籤牢牢黏在水果軟糖裡面，你就可以把書本放上去測試堅固度。哪一個立體構造比較能承受壓力？把你的觀察情況和結果記錄下來。

過程和原理

你做的立體構造遠看可能像是球體，不過對數學家來說，它們其實是**多面體**。多面體是由好幾個平面圖形結合（像你做的是三角形），構成立體的物體，就像金字塔一樣。多面體很堅固，因為有好幾個平面，可以將整個結構承受的壓力平均分散。

隨手筆記：

_____

_____

_____

_____

_____

_____

_____

_____

_____

STEAM優勢：工程師經常在設計中應用到數學觀念。在這個實驗中，你用到了幾何學，這是數學中有關圖形的領域。

進階挑戰！嘗試用更多水果軟糖製作更大的立體結構吧！你做到最大又不會倒塌的結構是用什麼圖形構成的？不妨試試八邊形（有8個邊）、十邊形（有10個邊）或十二邊形（有12個邊）。

甜蜜攻擊：
設計棉花糖投石機

難度：簡單
混亂度：中等混亂
最佳享用方式：零食或甜點
準備時間：無
全程時間：30到60分鐘
成品份量：1杯以上的棉花糖熱可可

 工程師會製作機械來幫忙完成某些工作。比方說，有一種很簡單的機械裝置叫做槓桿，是將一根棍子放在一個支點上，棍子兩端分別是要操作槓桿的人和要移動的物體。人只要把棍子的一端往下壓，就可以移動放在另一端的物體。如果要把棉花糖拋過空中、投到一杯熱可可裡頭，你會做出什麼樣的槓桿？

警告：小心竹籤的尖端，以免刺傷。不要吃插過竹籤的棉花糖，裡面可能會殘留竹籤的碎屑。

工具：

- 1個厚實的馬克杯（可根據你想製作的熱可可杯數調整數量）
- 大桌子或檯面
- 塑膠湯匙和叉子（至少2種不同的形狀）
- 竹籤（1包，至少12枝）
- 膠帶
- 5個橡皮筋

原料：

- 大棉花糖1包
- 熱可可粉（根據你想做的熱可可杯數準備足夠的份量）

假設：想想看什麼樣的槓桿構造可以把棉花糖投出去，然後把你的設計畫出來。

觀察重點：記錄哪種設計成功，哪種設計沒有成功。

_____

_____

_____

_____

_____

結果：畫出最後定案的槓桿設計圖。

🧤 步驟

1. 把厚實的馬克杯放在大桌子上。

2. 站在桌子的一邊，把一顆棉花糖放在塑膠湯匙或叉子上。

3. 一手握住湯匙或叉子的握柄，另一手把湯匙或叉子的前端往自己拉，然後一下子放開，棉花糖應該會被彈出去。

4. 拿起棉花糖，繼續發射，並用不同的塑膠湯匙或叉子試試看，想辦法把棉花糖彈到杯子裡。

5. 用膠帶把你覺得最好發射的湯匙或叉子黏在竹籤上，膠帶要纏繞在湯匙或叉子的握柄。

6. 想想看，用棉花糖、竹籤和橡皮筋可以做出什麼樣的投石機？這個機械裝置要能固定住湯匙或叉子的握柄，同時還要讓用來發射的湯匙或叉子前端能前後移動。

7. 開始動手製作，邊做邊測試。你可能會需要重來好幾次，如果滿桌都是棉花糖，那是很正常的！在過程中把你的觀察情況記錄下來。

8. 做出滿意的投石機之後，請大人幫你準備一杯熱可可。把一顆棉花糖發射到杯子裡，然後就可以邊享用點心，邊把你的結果記錄下來了。

過程和原理

當你把槓桿的一端往下壓，另一端就會舉起來。當你把裝著棉花糖的湯匙往後拉的時候，就像把槓桿的一端往下壓一樣，結果就是讓湯匙最前端的棉花糖彈出去。

隨手筆記：

_____

_____

_____

_____

_____

_____

_____

_____

STEAM優勢：物理學這個科學領域，主要是探索物質（如棉花糖和槓桿）和能量（像是你施力壓彎湯匙來發射棉花糖）。工程師將物理學應用在設計中時，還會需要利用數學來預測機械的運作情況。

進階挑戰！試試看發射其他食物。你的槓桿裝置可以用來發射比棉花糖重的其他東西（例如葡萄）嗎？如果把原本的棉花糖換成小棉花糖，可以射得更遠嗎？

甜蜜小屋：
製作薑餅屋

工具：

- 2個大攪拌盆
- 量杯和量匙
- 電動攪拌機
- 橡膠刮刀
- 保鮮膜
- 厚卡紙
- 膠帶
- 烘焙紙
- 2個餅乾烤盤
- 砧板
- 擀麵棍
- 烤箱
- 隔熱手套

難度：簡單（使用現成薑餅和樣板）或進階（自製糖霜、自己烤薑餅並自己設計房屋）

混亂度：中等混亂

最佳享用方式：甜點

準備時間：如果孩子年紀還太小，要請家長在製作的前一天晚上先幫小科學家準備好薑餅的麵團，並用厚卡紙剪出薑餅屋的樣板。年紀夠大的孩子可以自己動手製作麵團、研究建築風格，設計出獨一無二的薑餅屋。

全程時間：3小時

成品份量：1個薑餅屋（4到8人份）

 建築學屬於工程的美學領域，是關於設計、建造住家和其他建築物的學問。在這個實驗中，我們要運用對形狀和穩定性的知識，來設計並建造薑餅屋。用哪些形狀能為薑餅屋做出最堅固的屋頂和牆壁？

警告：使用烤箱時一定要有大人陪同。

步驟

1. 製作薑餅屋的麵團，放在冰箱冷藏一晚（食譜見108頁）。

2. 研究房屋造型。你可以在自家附近到處走走、翻閱建築學方面的書籍，或是上網搜尋「住宅建築風格」。找到你最喜歡的房屋風格之後，留意正面、背面、側面和屋頂的形狀。

3. 在厚卡紙上畫出房屋各面的形狀，然後剪下來；你可能需要重複幾次才能做出適合的形狀。如果要製作基本款的A字形房屋，可以用110頁的樣板，做出2個正方形（8公分乘以8公分）當屋頂，2個三角形（兩邊8公分，底6.5公分）當正面和背面的牆壁。

4. 用膠帶把厚卡紙零件黏起來，練習組裝厚卡紙小屋。如果你覺得這個設計沒問題了，就可以把膠帶拆掉，留下厚卡紙當樣板。

5. 把薑餅麵團從冰箱拿出來，放在廚房檯面上。

6. 將烤箱預熱到175℃，並在2個餅乾烤盤上各舖一張烘焙紙。在砧板或剛清潔過的檯面上，灑一些麵粉。

7. 用擀麵棍將其中一塊薑餅麵團擀到0.5公分到1.5公分厚。你可能需要先用手捏麵團幾分鐘，讓麵團變軟，才會比較好擀。

原料：

薑餅
- 麵粉5又1/2杯
- 小蘇打粉1小匙
- 鹽1又1/2小匙
- 薑粉4小匙
- 肉桂粉4小匙
- 丁香粉1又1/2小匙
- 肉豆蔻粉2小匙
- 室溫無鹽奶油1杯（2條）
- 紅糖1杯
- 雞蛋2顆
- 糖蜜1又1/2杯

蛋白糖霜
- 糖粉450克
- 3顆巴氏殺菌蛋的蛋白（室溫）
- 塔塔粉1/2小匙

裝飾材料
- 顏色繽紛的糖果：水果軟糖、果汁軟糖、薄荷漩渦糖

8. 將厚卡紙樣板放在薑餅麵團上，在大人的陪同下，用刀沿著樣板邊緣裁切，依照你需要的每種形狀各切出一塊薑餅。

9. 將切下來的每一塊薑餅小心的放在餅乾烤盤的烘焙紙上，放入烤箱烘烤10到14分鐘，薑餅的表面要變得有點硬，但不要烤到裂開或太硬。

10. 在烤薑餅的同時，來製作蛋白糖霜：將450克糖粉、3顆巴氏殺菌蛋的室溫蛋白和1/2小匙塔塔粉放入攪拌機，用高速攪拌7到10分鐘，直到關掉攪拌機移開時糖霜能維持形狀為止。

11. 依照設計圖，用糖霜將薑餅一塊一塊黏起來。

12. 用糖霜將糖果裝飾黏在你蓋好的薑餅屋上。

薑餅食譜

1. 在一個大攪拌盆中，倒入5又1/2 杯麵粉、1小匙小蘇打粉、1又1/2小匙鹽、4小匙薑粉、4小匙肉桂粉、1又1/2小匙丁香粉和2小匙肉豆蔻粉，攪拌均勻。

2. 在另一個大攪拌盆中，放入1杯（2條）室溫無鹽奶油和1杯紅糖，再用電動攪拌機混合。

3. 當奶油和糖均勻混合後，加入2顆雞蛋和1又1/2杯糖蜜，用中速攪拌到均勻混合。

4. 用橡膠刮刀將麵團分成3塊。將3塊麵團用保鮮膜包緊，放入冰箱冷藏一晚。

過程和原理

三角形和矩形的牆壁可以沿著直線均勻分散壓力，具有很好的乘重能力。數學可以讓我們了解不同形狀承受壓力的能力。

STEAM優勢： 設計流程是工程建設成功的關鍵。用厚卡紙為薑餅屋設計**原型**時，就是在運用設計思維。每次原型倒塌的時候，都表示你朝找出成功設計又更近了一步。即使失敗也不要氣餒，繼續嘗試，就是要經過這樣的過程，才會成為偉大的工程師！

進階挑戰！ 在研究建築風格的時候，你可以盡情發揮想像力！要不要在薑餅屋上加個煙囪，甚至是門廊呢？你可以用厚卡紙製作及修改材料的形狀，直到可以成功蓋出你的夢想之屋。別放棄！每次需要修改的時候，都表示你的房子會變得更堅固、更完美。

假設： 想想看，用哪些形狀能為薑餅屋做出最堅固的屋頂和牆壁？

_____

_____

_____

_____

觀察重點： 在製作過程中，你修改了那些設計，才能成功蓋出薑餅屋？

_____

_____

_____

_____

結果： 最後你選擇用哪些形狀來蓋出薑餅屋呢？

_____

_____

_____

_____

薑餅屋樣板

屋頂（製作2塊）

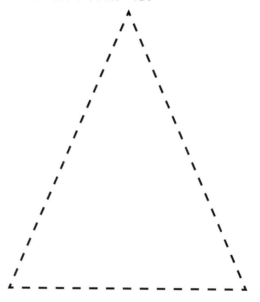

正面和背面（製作2塊）

隨手筆記：

料理小知識：
喬治・華盛頓・卡佛與花生的歷史

　　喬治・華盛頓・卡佛（George Washington Carver）以發明花生醬聞名，但花生醬其實並不是他發明的。卡佛是個科學家，他雖然沒有發明花生醬，但他致力於**農學**，也就是研究如何種植作物的科學；因為有他的貢獻，花生成了美國最受歡迎的食物。

　　喬治・華盛頓・卡佛生於美國南北戰爭時期，他生下來就是黑奴身分，直到1865年南北戰爭結束，奴隸制度也隨之終結。喬治・華盛頓・卡佛是個充滿好奇心又認真勤奮的孩子，他長大後成為第一個進入愛荷華州立大學的黑人，並取得農業碩士學位。

　　成為科學家後，卡佛致力研究可以種來吃的植物。他注意到，農夫如果在同一塊土地連續多年種植同樣的作物，土壤就會變得貧瘠，作物也沒辦法好好生長。卡佛找出了解決方法，他不但教農夫每年輪流種植不同的作物，還發現哪些植物可以讓土壤恢復健康，其中一種就是花生。為了鼓勵農夫種植花生、恢復地力，喬治・華盛頓・卡佛發明超過300種花生產品，包括花生皂和花生漿。

　　在卡佛的努力之下，花生在美國農場裡越來越普及，美國人也愛上花生醬（發明者是馬塞勒斯・吉爾摩・埃德森、約翰・哈維・凱洛格和安布羅斯・史托柏）。以後每當你吃到甜中帶鹹的美味花生醬，就可以想像到，這些花生是從某個土壤肥沃又健康的農場種出來的。

第6章
創意的藝術饗宴
ART

當食品科學家運用藝術來製作餐點時，能讓料理增添許多樂趣。在充滿創意的廚師手中，食物可以變得繽紛多彩、裝飾得好看又誘人。

　　在本章中，我們會透過各種有趣的實驗認識食品科學中的藝術。前兩個實驗主要是製作糖果，我們會在不同溫度下融化糖，並與不同的原料混合。接下來的四個實驗是有關用染料將食物染色，我們會探索如何混合顏色，還有如何用蔬菜製作天然染料。接著，我們會學習如何**解剖**水果、花朵和**菌類**，製作出可以吃的裝飾食材。我們也會嘗試用馬鈴薯做人臉，學習如何裝飾食物，還會做出模仿地球地形的甜點。

　　在實驗的過程中，記得注意你是如何改變食物的口感和顏色。懂得利用溫度改變糖的狀態，也是成為糖果製造專家的必備技巧。了解如何用蔬菜做出食用色素，可以讓你的食物裝飾遊戲變得更豐富有趣。最重要的是，你會有美味又充滿創意的餐點可以享用！

糖果水晶洞：
巧克力結晶糖

難度： 進階
混亂度： 中等混亂
最佳享用方式： 甜點
準備時間： 無
全程時間： 準備糖水溶液30分鐘，等待晶體成形2到5天，將結晶糖裹上巧克力30分鐘
成品份量： 10顆大糖果

> 你看過水晶洞的擺飾嗎？在大自然中，這些美麗的岩石成形之前，本來是液態的岩漿。岩漿冷卻後，形成晶體，就是會閃閃發亮的石頭。在這個實驗中，我們要來製作結晶糖。想想看，晶體會是什麼樣子？你看得到單獨的晶體嗎？那是什麼形狀？

警告： 使用火爐及處理融化的熱巧克力時，一定要有大人陪同。

🧤 步驟

1. 將1杯糖和1/3杯水倒入深平底鍋。

2. 開中小火，一邊加熱一邊攪拌，直到糖都溶解在水中。你可能很快就會覺得無聊，但不能停止攪拌！糖大概需要5到20分鐘才會完全溶解。當溶液中看不到任何糖粒的時候，就表示糖已經完全溶解了（鍋子邊緣可能還會有幾顆糖粒）。

✏️ 工具：

- 深平底鍋
- 量杯
- 湯匙
- 火爐
- 矽膠糖果模
- 微波爐
- 盤子
- 2個碗

📋 原料：

- 糖1杯
- 水1/3杯
- 食用色素
- 白巧克力豆1杯
- 牛奶巧克力豆或黑巧克力豆1杯

假設：想想看，結晶糖裡面的晶體會是什麼樣子？

_____

_____

_____

_____

觀察重點：描述結晶糖剛從矽膠模中拿出來時是什麼樣子。

_____

_____

_____

_____

結果：結晶糖裡面的晶體看起來和你本來預測的一樣嗎？

_____

_____

_____

_____

_____

3. 關火，讓熱熱的糖水溶液冷卻一陣子。

4. 在熱糖水溶液中加入5滴食用色素，並攪拌一下。

5. 將熱糖水溶液倒入糖果模。

6. 將糖果模在室溫下靜置2到3天，讓晶體開始成形。每天要用乾淨的手指在逐漸硬化的糖果上面戳一次，這樣可以弄破表面的硬殼，讓糖果更快乾燥。

7. 當糖果的底部開始變硬的時候，就可以把糖果從矽膠糖果模中推出來，有些糖果可能還會漏出一些糖水溶液而濕濕的。將糖果放在乾淨的盤子上，讓糖果完全乾燥。觀察糖果的情況。

8. 當糖果都乾燥之後，在碗中倒入1杯白巧克力豆，放入微波爐加熱30秒，然後用湯匙攪拌。如果巧克力沒有完全融化，再微波加熱10秒並攪拌看看，一直重複到巧克力融化為止。

9. 拿糖果沾一下白巧克力，然後放在乾淨的盤子上等巧克力變乾。

10. 變乾之後，結晶糖就完成了！你可以用湯匙的背面敲一下結晶糖，就會像水晶洞一樣。把你的結果記錄下來。

結晶糖成形的原理，和真正的水晶洞一樣。
當某些液體（包括糖水溶液，還有融化的瑪
瑙、紫水晶和蛋白石）冷卻時，其中的分子
會排成特定的形狀。晶體就是分子以非常規
律的方式排列組成的固體。

隨手筆記：

_____

_____

_____

_____

_____

_____

_____

_____

_____

STEAM優勢：地質學家是專門研究岩石的地
球科學家。了解岩石形成的原理之後，地質學
家就比較容易尋找及辨認水晶洞和其他珍貴的
寶石。

進階挑戰！在網路上找找其他類型的水晶
石。你還可以用不同顏色和層次的巧克力，做
出模擬各種水晶洞的結晶糖。

糖果的色彩漩渦：
彩色玻璃糖

✏️工具：

- 2個23公分X33公分的蛋糕烤盤
- 量杯和量匙
- 鍋子
- 附固定夾的煮糖用溫度計
- 長柄湯匙
- 火爐
- 隔熱手套
- 餐刀

📋原料：

- 食用油或噴霧油
- 水2杯（分開裝）
- 糖3又1/2杯（分開裝）
- 食用色素（液狀或膠狀皆可）
- 玉米糖漿1/2杯
- 塔塔粉1/8小匙

難度：進階
混亂度：中等混亂
最佳享用方式：甜點
準備時間：無
全程時間：2小時
成品份量：大約4杯的硬糖

食品科學家會將糖與不同的原料結合，製作出不同類型的糖果。在這個實驗中，我們要用兩種配方製作玻璃糖。想想看，只用糖和水製作的玻璃糖跟加了其他原料的玻璃糖，哪一種會比較平滑呢？

警告：整個實驗過程都要有大人陪同。處理熱糖水時，請務必穿戴隔熱手套和圍裙。將熱糖水倒入鍋子時，鍋子會很快就變得非常燙，在熱糖水冷卻之前都不要去碰。做好玻璃糖之後，要小心別被糖果尖銳的角刺到。如果要清理滴到其他地方後乾掉的糖水，只要用水沾濕就會在5分鐘內溶解。

🧤 步驟

1. 在2個23公分乘以33公分的蛋糕烤盤底部，抹上一層食用油或噴霧油。

2. 將1杯水和1又3/4杯糖倒入鍋子。將煮糖用溫度計夾在鍋子的側邊。

3. 用長柄湯匙攪拌糖水溶液。

4. 用小火加熱糖水溶液，繼續攪拌到開始沸騰。將火爐轉到中火，小心留意溫度，一邊繼續攪拌糖水溶液。

5. 在糖水溶液達到150℃至155℃時關火，將糖水溶液快速倒入其中一個蛋糕烤盤。把你的觀察情況記錄下來。

6. 在糖水溶液的表面，小心的加上10到20滴食用色素。

7. 用餐刀把色素稍微拉成漩渦狀，但不要和糖水溶液混在一起。

8. 將糖水溶液靜置1小時冷卻。

9. 重複步驟2到8，但在步驟2的1杯水和1又3/4杯糖中，加入1/2杯玉米糖漿和1/8小匙塔塔粉。

10. 將兩個蛋糕烤盤上下反過來放在乾淨的檯面上，輕拍烤盤，直到糖果脫模。糖果掉在檯面上時會破裂，這樣就可以吃了！你可以一邊享用，一邊把你的結果記錄下來。

假設：只用糖和水的溶液做出來的玻璃糖，會比糖、水、玉米糖漿和塔塔粉的溶液做出來的更平滑嗎？為什麼？

_____

_____

_____

_____

_____

觀察重點：描述這兩種糖水溶液倒入鍋子時看起來的模樣。

_____

_____

_____

_____

_____

結果：哪一種配方可以做出比較平滑的玻璃糖？

_____

_____

_____

_____

糖果冷卻時，通常會形成閃耀著光芒的晶體，這種糖果並不平滑。玉米糖漿和塔塔粉會跟糖產生化學變化，讓糖不會結晶，所以硬化後的糖就像玻璃一樣平滑。

STEAM優勢：製糖的科學原理，結合了生物學、化學和物理學。糖來自甘蔗和甜菜等活體植物，生物學能讓科學家了解糖是怎麼產生的。糖是一種化學產物，研究化學能讓科學家了解糖可以產生什麼樣的化學變化。糖的晶體會反光，透過研究物理學，科學家可以了解糖為什麼會閃耀或發光。

進階挑戰！用糖可以製作出很多甜品，你可以參考「學習資源」章節提供的Exploratorium網站，裡面有豐富的食譜，像是牛奶糖、焦糖或太妃糖，不妨選一個來試試！

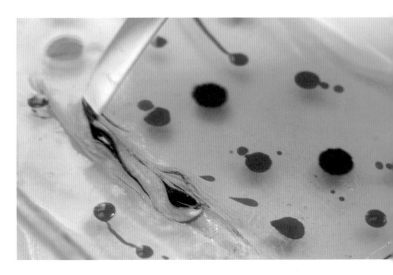

彩虹繽紛樂：
彩色糖霜

難度：簡單
混亂度：有點混亂
最佳享用方式：甜點
準備時間：製作糖霜10分鐘
全程時間：15分鐘
成品份量：約1杯糖霜

蛋糕裝飾師會研究各種食用色素，找出最能讓裝飾糖霜變得好看又吸引人的方法。在這個實驗中，我們會測試不同的食用色素，看看液狀的食用色素和膠狀的食用色素做出的糖霜，哪一種顏色比較鮮豔？

警告：如果你要從頭開始製作糖霜，請找大人來操作電動攪拌機。

✏️工具：

- ➔ 2個碗
- ➔ 2根湯匙

製作糖霜用
- ➔ 量杯和量匙
- ➔ 大攪拌盆
- ➔ 電動或桌上型攪拌機

📘原料：

- ➔ 糖霜 約1又1/2杯（可參閱122頁的食譜或購買現成糖霜）
- ➔ 液狀食用色素
- ➔ 膠狀食用色素

製作糖霜用
- ➔ 室溫無鹽奶油1/2杯
- ➔ 糖粉1又1/2杯
- ➔ 動物性鮮奶油2大匙
- ➔ 調味萃取液1小匙（可省略）

假設： 想想看，液狀的食用色素和膠狀的食用色素做出的糖霜，哪一種顏色比較鮮豔？

_____

_____

_____

_____

觀察重點： 將兩種食用色素加到糖霜裡時，你注意到什麼？

_____

_____

_____

_____

結果： 哪一種食用色素做出來的糖霜顏色比較鮮豔？

_____

_____

_____

_____

步驟

1. 將一半的糖霜放入一個碗中，另一半糖霜放入第二個碗。

2. 從綠色、橘色跟紫色當中選擇一個顏色。選好之後，拿出可以做出這個顏色的食用色素。

   a. 綠色：使用藍色和黃色

   b. 橘色：使用紅色和黃色

   c. 紫色：使用紅色和藍色

3. 根據你需要的兩種顏色，拿出同樣顏色的液狀食用色素，在第一碗糖霜中各加2滴，然後用湯匙攪拌。把你的觀察情況記錄下來。

4. 根據你需要的兩種顏色，拿出同樣顏色的膠狀食用色素，在第二碗糖霜中各加2滴，然後用第二根湯匙攪拌。把你的觀察情況記錄下來。

5. 把你的結果記錄下來。

基本款奶油糖霜

1. 放入1/2杯室溫奶油，用電動攪拌機攪打1分鐘，到奶油變滑順為止。

2. 加入1又1/2杯糖粉，用低速攪打30秒，再用中速攪打1分鐘，直到變軟滑為止。

3. 加入2大匙的動物性鮮奶油，混合至滑順。

4. （可省略）依照你喜歡的口味，加入1小匙調味萃取液（如香草精、杏仁或檸檬）。

5. 注意：做好的糖霜可以放在冰箱冷藏幾天，如果冷凍最多可以保存2個月。要用來裝飾的時候，糖霜必須解凍到室溫或是更高一點的溫度（但不能熱到融化）。最簡單的作法，就是事先把你要裝飾的蛋糕或杯子蛋糕放在冷凍庫30分鐘，這樣裝飾的時候，糖霜的溫度就會比蛋糕來得高。

過程和原理

液狀食用色素中含水，無法完全溶解到奶油糖霜裡。膠狀食用色素的分子能幫助色素溶解到奶油糖霜中，所以顏色通常較鮮豔。

隨手筆記：

_____
_____
_____
_____
_____
_____
_____
_____
_____

STEAM優勢：食品科學家會運用色彩學來設計和規畫，做出各種富有創意的裝飾，包括蛋糕和杯子蛋糕上的糖霜。色彩學屬於光學的領域，光學則是物理學的分支，主要是研究光。色彩心理學家則會研究不同顏色會帶給人什麼樣的感受。

進階挑戰！色相環是一種圖表，藝術家會用來排列出**原色**和**間色**。想挑戰更難的實驗嗎？你可以多做一些奶油糖霜，然後調出至少六種不同顏色的糖霜，做成糖霜色相環。你可以上網查詢色相環，找一些照片來當參考。你還能用這些糖霜來裝飾圓形蛋糕，就會變成可以吃的色相環！

染色與形狀的關聯：
彩色義大利麵

✏️工具：

- ➔ 鍋子
- ➔ 2個碗
- ➔ 2根湯匙
- ➔ 火爐
- ➔ 瀝水盆

📋原料：

- ➔ 水
- ➔ 煮熟的螺旋麵約100克
- ➔ 煮熟的直義大利麵約100克
- ➔ 食用色素（液狀或膠狀）

假設：想想看，用食用色素幫螺旋麵染色，效果會比直麵條更好、更差還是相同？

————————————
————————————
————————————
————————————

難度：簡單

混亂度：有點混亂

最佳享用方式：午餐或晚餐

準備時間：煮義大利麵15分鐘

全程時間：30分鐘

成品份量：2碗義大利麵

 食用色素可用來幫食物增添顏色，但染色效果不見得總是很好。在這個實驗中，我們要用螺旋麵和直麵條來染色，看看義大利麵的形狀對於染色有什麼影響。螺旋麵和直麵條相比，染色的效果是比較好、比較差，還是一樣？

 警告：請大人幫你準備義大利麵，依照包裝上的說明用水把麵條煮熟。

🧤步驟

1. 請大人準備100克（1杯）的螺旋麵和100克（1杯）的直義大利麵，根據包裝上的說明用水把麵條煮熟。

2. 在煮義大利麵的同時，在2個碗中分別倒入1/2杯熱水和4滴食用色素。

3. 將義大利麵煮好瀝乾之後，將螺旋麵放入一個碗，直麵條放入另一個碗。

4. 用湯匙攪動碗裡的義大利麵，把你的觀察情況和結果記錄下來。

5. 用瀝水盆把義大利麵瀝乾，再用熱水沖一遍。放上你喜歡的醬汁（或奶油），即可享用。

過程和原理

食用色素是會附著在食物分子上的色素，這是一種化學變化。食用色素對於某些食物分子的附著力比較好，但那是因為分子的形狀，而不是因為食物本身的形狀。不管是什麼形狀的義大利麵，組成的分子都是相同的，所以拿食用色素幫任何形狀的義大利麵染色效果都一樣。

觀察重點：描述你把煮熟的麵條放入碗裡染色時看到什麼。

_____

_____

_____

_____

結果：用食用色素幫螺旋麵染色的效果，比直麵條更好、更差還是相同？

_____

_____

_____

_____

STEAM優勢：因為有科學家研究食物中的化學變化，我們現在才有各種色彩繽紛的食用色素可以使用。雖然實驗室和工廠生產的人工色素還是很普遍，但如今天然色素已經比從前更普及了。

進階挑戰！嘗試用食用色素幫義大利麵以外的其他糧食染色，像是米飯、馬鈴薯和麵包（可以使用店面賣的現成色素，或是挑戰126頁的「甜菜染染看」實驗自製染料）。哪一種最容易染色？食物加了顏色之後，看起來會比較好吃嗎？

可以吃的染料：
甜菜染染看

🔪工具：

- 2個小湯鍋
- 液體量杯
- 火爐

📋原料：

- 水4杯（分開裝）
- 醋1杯
- 甜菜2顆（切片）
- 去殼全熟水煮蛋2顆
- 鹽一小撮

難度： 中等
混亂度： 中等混亂
最佳享用方式： 午餐或零食
準備時間： 由大人準備全熟水煮蛋並切好甜菜20分鐘
全程時間： 1小時
成品份量： 2份醋醃蛋佐甜菜

 當你想吃顏色鮮明又健康的食物時，天然染料是很適合的選擇。天然染料需要**媒染劑**，也就是幫助染色的化學物質。在這個實驗中，我們要使用甜菜製作色素、用醋當媒染劑，製作出天然染料。媒染劑對於染出鮮明的顏色有多重要呢？

假設： 想想看，使用甜菜做的染料，以醋當媒染劑，可以染出比較鮮明的顏色嗎？

_____

_____

_____

_____

_____

 警告： 用火爐煮東西時，一定要有大人陪同。甜菜和雞蛋要請大人幫你切好。甜菜汁很容易染到其他物品，請穿著圍裙，保護你的衣服。

🧤步驟

1. 將雞蛋放在滾水中煮14分鐘，然後用撈勺將雞蛋從熱開水中撈出來，放到裝有冷水的碗裡。

2. 將2杯水倒入鍋子，然後加1片甜菜。

3. 在另一個鍋中倒入2杯水、1杯醋和1片甜菜。

4. 用大火加熱兩個鍋子，直到把水煮滾。

5. 將火爐轉為小火，燉煮15分鐘。

6. 關火，靜置15分鐘放涼。

7. 將蛋殼剝掉，在兩鍋冷卻的甜菜湯中各放一顆水煮蛋，並泡在湯裡10分鐘。

8. 將水煮蛋拿出來，請大人把蛋切成一半，把你的觀察情況和結果記錄下來。

9. 把煮過的甜菜片和切好的水煮蛋放在盤子裡，在蛋上面灑一小撮鹽。醋醃蛋佐甜菜是美國南部的傳統菜餚，嚐嚐看吧！

觀察重點：用醋當媒染劑染色的水煮蛋，外觀上有什麼不同？

_____

_____

_____

_____

_____

結果：用甜菜將水煮蛋染色時，需要用到媒染劑嗎？

_____

_____

_____

_____

過程和原理

有些植物可以做出染色力很強的色素，甜菜就是其中之一。當我們使用媒染劑幫助染料附著時，染色力強的分子能附著得更加緊密。

STEAM優勢：了解有關纖維的科學原理，可以讓我們成功運用天然染料。羊毛很容易用天然染料染色，所以纖維藝術家常常使用植物性染料來為羊毛線染色。你也可以用天然染料和棉質織物做紮染，像T恤就是不錯的素材。

進階挑戰！試試用其他植物、香草和香料製作染料。羽衣甘藍可以做出綠色染料，紫甘藍可以做出紫色染料，紅蘿蔔可以做出橘色染料，薑黃（一種亮黃色的香料）可以做出黃色染料，迷迭香則可以做出淺黃色染料。

認識毛細作用：
變色的芹菜

工具：

- 2個高的透明玻璃瓶
- 1把適合切芹菜的刀，給大人使用

原料：

- 食用色素（液狀或膠狀皆可）
- 芹菜葉柄2根

難度： 簡單
混亂度： 有點混亂
最佳享用方式： 零食
準備時間： 無
全程時間： 操作35分鐘，泡水靜置一晚，隔天觀察5分鐘
成品份量： 2根脆爽的芹菜棒

 水是生物體內最重要的分子。天氣炎熱的時候，植物的水分會經由葉子蒸散。為了補足失去的水分，植物會透過根部從地下吸取水分。水分會在植物體內往上移動，不受**重力**影響！在這個實驗中，我們要觀察水神奇的移動過程，這稱為**毛細作用**。你認為毛細作用在乾的植物中比較明顯，還是濕的植物中比較明顯？

警告： 請大人幫忙用刀切開芹菜。

步驟

1. 將2個高的透明玻璃瓶裝滿水。

2. 在2個玻璃瓶中各加4滴食用色素。

3. 把2根芹菜洗乾淨。

假設：想想看，濕的芹菜和乾的芹菜，哪一種的毛細作用會比較明顯？

_____

_____

_____

_____

觀察重點：描述你在芹菜泡水一晚之後看到什麼。

_____

_____

_____

_____

4. 請大人用刀將芹菜尾端切掉5公分，頂端切掉7.5公分。

5. 將1根芹菜棒立刻放入有色素水的玻璃瓶裡，芹菜頂端至少要高出水面2.5公分。

6. 將另一根芹菜棒放在檯面上，風乾30分鐘。

結果：濕的芹菜和乾的芹菜，哪一種的毛細作用比較明顯？

_____

_____

_____

_____

假設： 想想看，濕的芹菜和乾的芹菜，哪一種的毛細作用會比較明顯？

_____

_____

_____

_____

_____

觀察重點： 描述你在芹菜泡水一晚之後看到什麼。

_____

_____

_____

_____

結果： 濕的芹菜和乾的芹菜，哪一種的毛細作用比較明顯？

_____

_____

_____

_____

7. 將第二根芹菜放進第二瓶色素水裡，芹菜頂端至少要高出水面2.5公分。

8. 讓兩根芹菜泡水靜置一晚。

9. 把你的觀察情況和結果記錄下來。

過程和原理

在濕的芹菜葉柄中，水分會從芹菜頂端蒸散，玻璃瓶中有顏色的水就會進入芹菜裡面，補足失去的水分。不同於大多數的化學物質，水分子之間的作用力很強，芹菜裡原有的水會很快和玻璃瓶中有色的水混合在一起，因此更容易透過毛細作用將有色的水往上拉。在乾的芹菜中，水分的通道裡有氣泡，會妨礙毛細作用進行。

STEAM優勢： 毛細作用在農學當中非常重要。農學家和農業工程師必須了解如何讓植物保持濕潤，作物才能持續成長。

進階挑戰！ 你也可以利用毛細作用，在花朵裡加入食用色素。找一朵沒有噴灑農藥的白色玫瑰，插在加了食用色素的水裡泡一晚，隔天就可以把染上顏色的花瓣摘下來，加在沙拉裡享用！

植物與菌類：
水果、花朵和香菇的剖面

難度：簡單
混亂度：有點混亂
最佳享用方式：零食或點綴配料
準備時間：由大人切好水果、花朵和蘑菇5分鐘
全程時間：30分鐘
成品份量：1份小點心或幾個點綴配料

研究生物學的科學家常常需要解剖活體，也就是切開。在這個實驗中，我們要解剖番茄、花朵，還有香菇（菌類）。你認為水果、花朵和菌類的內部構造，會有什麼相同或不同的地方？

警告：請找大人幫忙切好食物。要確定拿來食用的花朵沒有噴灑過農藥，市面上賣的觀賞用花朵很多都有大量農藥。

步驟

1. 請大人把一顆番茄、一朵可以食用的花和一顆香菇切成對半。

2. 將半顆番茄放在乾淨的盤子裡，和圖畫紙和著色用品一起放在桌上，然後坐下來把你看到的內部構造詳細畫出來。

✎工具：

● 刀和砧板
● 圖畫紙和著色用品

原料：

● 大番茄1顆
● 可以食用的花朵（如金蓮花、三色菫、金盞花、琉璃苣、鬱金香或玫瑰）1朵以上
● 大香菇1朵
● 沙拉醬1大匙

假設：想想看，在水果、花朵和菌類裡面會看到什麼？

_____
_____
_____
_____
_____

觀察重點：把每種食物的內部仔細地畫出來，描述你在水果、花朵和菌類裡面看到了什麼。如果你不確定自己看到的是什麼，可以上網搜尋「番茄剖面圖」、「花朵剖面圖」或「香菇剖面圖」

_____

_____

_____

_____

_____

_____

結果：這些食物的內部有哪些相同的地方？又有哪些不同的地方？

_____

_____

_____

_____

3. 用可以食用的花朵和香菇重複剛才的步驟，把你的觀察情況記錄下來。

4. 把你的結果記錄下來。

5. 如果你的番茄或蘑菇很大，請大人幫你切成一口的大小。將所有食材放進乾淨的盤子裡，或是用切好的番茄和蘑菇跟花朵裝飾你要吃的下一餐。

過程和原理

水果和花朵都是植物的一部分。在植物的生命周期當中，花朵會變成含有種子的水果。或許你已經注意到，水果和花朵有很多共同點。香菇不是植物，所以內部構造看起來和水果及花朵很不一樣。

STEAM優勢：圖畫和文字書寫都是重要的藝術形式，科學家也需要在畫圖和書寫時仔細觀察，才能做出實驗品和發明東西。學會仔細的慢慢畫出物體，會讓你成為更屬害的觀察家。

進階挑戰！植物繪畫是一種古老的藝術形式。你可以到附近的圖書館找找植物插圖的書，試著自己創作更多植物畫。你也可以在院子（或盆栽裡）種下金蓮花或琉璃苣的種子，它們會開出更多可以讓你入菜的花！

包鋁箔，熟不熟：人臉馬鈴薯

難度：中等
混亂度：有點混亂
最佳享用方式：午餐或晚餐
準備時間：無
全程時間：1小時40分鐘（準備馬鈴薯10分鐘，烘烤約1小時，放涼15分鐘，加上裝飾15分鐘）
成品份量：4顆大馬鈴薯

食品科學家在研究熱度的時候，常會試著找出能縮短烘烤時間的方法。直接烤馬鈴薯跟用鋁箔紙包住馬鈴薯再烤，哪一種方法會比較快烤好？

警告：使用烤箱時必須有大人陪同。

步驟

1. 將烤箱預熱至200℃。
2. 將4顆馬鈴薯洗淨擦乾，並用叉子小心的戳一戳（這是為了避免馬鈴薯在烤箱裡爆炸。）
3. 將2顆馬鈴薯用鋁箔紙包起來。
4. 將所有馬鈴薯放在餅乾烤盤上。
5. 當烤箱溫度達到200℃時，將餅乾烤盤放入烤箱，用計時器設定計時30分鐘。

工具：

- 烤箱
- 叉子
- 鋁箔紙
- 餅乾烤盤
- 烹飪計時器
- 隔熱手套
- 盤子

原料：

- 大顆的褐皮馬鈴薯4顆
- 乳酪絲或大理石紋的傑克起司1杯
- 裝飾材料，例如：
  - 橄欖
  - 黃椒、紅椒或青椒（切成細條）
  - 豌豆莢
  - 櫻桃番茄或葡萄番茄
  - 玉米筍
  - 迷你蘿蔔
  - 青花菜的花球
  - 菠菜葉子
  - 蘑菇片
  - 黃瓜片

假設：想想看，用鋁箔紙包住再烤的馬鈴薯，會比直接烤的馬鈴薯更快烤好嗎？

_____

_____

_____

觀察重點：觀察4顆馬鈴薯分別烤了多少時間，並且在每筆時間紀錄旁邊寫上馬鈴薯有沒有包鋁箔紙。

_____

_____

_____

_____

結果：哪一種烤法比較快烤好？

_____

_____

_____

6. 計時器響起時，用叉子戳一戳馬鈴薯，看看烤好了沒有。如果叉子可以輕鬆穿過馬鈴薯，就表示已經烤熟了。用隔熱手套把烤熟的馬鈴薯拿出烤箱，放在盤子上放涼。

7. 如果馬鈴薯還沒烤好，用計時器設定計時10分鐘，等時間到時再檢查一次。

8. 重複步驟7，直到4顆馬鈴薯全都烤好。把你的觀察情況和結果記錄下來。

9. 當馬鈴薯全都冷卻到可以直接拿的時候，請大人幫忙將馬鈴薯對半直切，這樣你就會有8塊縱向切半的馬鈴薯。

10. 用裝飾材料和起司，在每塊馬鈴薯上做一張臉。你可以做出眼睛、眉毛、嘴巴、鼻子、耳朵和頭髮──盡情發揮創意吧！記得一定要使用大量的起司。

11. 和家人一起享用美味的馬鈴薯。

鋁是一種金屬，金屬具有**傳導**熱的特性，也就是能移動熱。把馬鈴薯用鋁箔紙包起來之後，由於鋁箔會吸熱，可以讓馬鈴薯比較快烤熟。不過，鋁箔也會留住馬鈴薯周圍的水和蒸氣，所以烤出來的馬鈴薯外皮不像直接烤的馬鈴薯那樣硬硬脆脆的。至於酥脆的馬鈴薯皮有沒有好吃到要多花一些時間去烤，就由你自己決定囉！

隨手筆記：

STEAM**優勢：**烘烤時間對於食品科學家來說相當重要，對流烤箱就是為了縮短食物烘烤時間所開發出來的科技產品。對流烤箱的內部有一個風扇，能吹動熱空氣，讓食物均勻受熱。

進階挑戰！你可以用其他薯類測試你的烤法，像是地瓜、山藥、育空黃金馬鈴薯等。

美味的恐龍：
岩石和化石的模型
實驗

難度：進階

混亂度：中等混亂

最佳享用方式：甜點

準備時間：用蛋糕預拌粉製作蛋糕45分鐘

全程時間：製作化石10分鐘，等化石變硬1小時，模型實驗
20分鐘

成品份量：1塊超誘人的巧克力蛋糕

化石是地球遠古歷史上曾經存在的生物所
留下的遺物，但化石是怎麼來的呢？在這
個實驗中，我們要運用一種叫**模型實驗**的
科學方法，一步步重現化石和外層岩石的
產生過程。我們要製作三種不同的岩石：
火成岩（熔岩等熔化的岩石冷卻後形成的
岩石）、**變質岩**（受熱但沒有完全熔化的
岩石），還有**沉積岩**（由泥土和沙子一層
層堆疊形成的岩石）。你認為化石最容易
在哪一種岩石中形成？

警告：烘烤蛋糕及融化巧克力時，一定要有大人陪
同。融化的巧克力非常燙，絕對不可以去摸。

工具：

- 液體量杯
- 量杯和量匙
- 碗
- 2根湯匙
- 23公分X33公分的
  蛋糕烤盤
- 烤箱
- 隔熱手套
- 小型的蛋糕烤盤
  （如13公分X23公
  分）或派烤盤
- 玩具恐龍（洗淨擦
  乾）
- 微波爐
- 餐刀

原料：

- 巧克力蛋糕預拌粉1盒
- 蛋糕預拌粉需要的雞蛋、油和水
- 紅糖1包（900克）
- 白巧克力豆1包（2杯）
- 現成巧克力糖霜1罐
- 薄荷葉10片
- Oreo®餅乾10片

假設：你認為化石是怎麼形成的？

_____

_____

_____

_____

_____

_____

_____

步驟

1. 根據巧克力蛋糕預拌粉的包裝外盒說明，製作巧克力蛋糕。蛋糕烤好後，放在室溫下冷卻。

2. 將整包紅糖倒入小型蛋糕烤盤或烤派盤，用湯匙背面輕輕壓平。

3. 把玩具恐龍擺在紅糖上面，在放得下的範圍內擺越多越好。將每個玩具輕輕下壓，在紅糖上壓出恐龍形狀的凹痕，然後把玩具拿起來。

4. 將2杯白巧克力豆倒入耐熱的碗，用微波爐加熱30秒，然後攪拌一下。如果白巧克力沒有完全融化，再用微波爐加熱10秒後攪拌一下，一直反覆進行到完全融化為止。

5. 將融化的白巧克力慢慢倒入紅糖上的恐龍印裡，然後把烤盤放進冰箱冷藏1小時。

6. 等白巧克力硬化後，小心地用湯匙將化石從紅糖裡面挖出來。用乾淨的手指將紅糖撥乾淨。將恐龍化石放在冷卻的巧克力蛋糕上，擺滿整個蛋糕。

7. 打開現成糖霜的罐子，撕開鋁箔封口。將糖霜放入微波爐加熱20分鐘，直到糖霜變得很容易攪動及倒出來，但沒有完全融化。

8. 將加熱過的糖霜倒在蛋糕上，填滿化石之間的空隙。用餐刀將整塊蛋糕上的糖霜抹平，蓋過化石。

9. 將糖霜靜置10分鐘放涼。

10. 用一個乾淨的玩具恐龍按壓在糖霜表面，留下恐龍腳印。

11. 將薄荷葉插入糖霜裡。

12. 把10片Oreo餅乾弄碎後，再將碎片平均灑在蛋糕上。

13. 把你的觀察情況和結果記錄下來。

過程和原理

在這個模型實驗中，蛋糕麵糊代表著熔化的岩石（也就是熔岩或**岩漿**），烤好的蛋糕代表火成岩，將近融化的糖霜冷卻後就像變質岩，餅乾碎片則像鬆軟的泥土和沙子經過多年形成的沉積岩。化石會在沉積岩中形成。

STEAM優勢：科學家和工程師會運用模型來了解及預測各種未來事件，以及相關影響。比方說，科學家可以用電腦技術和數學製作模型，來預測全球氣候變遷的衝擊。

進階挑戰！在詞彙表中查詢**印模化石**、**模鑄化石**、**生痕化石**和**實體化石**。你做的蛋糕裡，哪些東西模擬了這些化石？

觀察重點：留意火成岩、變質岩和沉積岩是怎麼形成的。

_____
_____
_____
_____
_____
_____
_____
_____
_____
_____

結果：這項活動如何模擬化石和岩石的形成過程？

_____
_____
_____
_____
_____
_____
_____
_____

再現冰河時代：
冰河模型實驗

難度：簡單
混亂度：有點混亂
最佳享用方式：甜點
準備時間：無
全程時間：15分鐘
成品份量：4份加料冰淇淋

在地球的歷史上，至少有過五次全球規模的冰河期，在這個時期，全球各地的溫度都冷到會形成巨大的結冰河流，也就是冰河。當冰河在地面上移動時，會刮掉地面上的泥土和石頭。在冰河移動時，這些泥土和石頭可能會混入冰河裡。在這個實驗中，我們要用冰淇淋模擬冰河的移動。你認為冰淇淋冰河移動時，會夾帶多少泥土和石頭（配料）呢？

✊ 步驟

1. 在烤盤上鋪滿一層夾心酥，蓋住整個底面。這是模擬在泥土和碎石下層的岩床，也就是堅硬的岩石。

2. 將你的配料灑在夾心酥上，堆成厚厚一層泥土和石頭。

3. 在烤盤的一端下面墊一本書或其他物體，讓烤盤表面像山坡一樣有斜度。

✏ 工具：

- ➲ 23公分X33公分的烤盤
- ➲ 一本書或其他5到10公分高的物體（用來墊高烤盤）
- ➲ 冰淇淋勺
- ➲ 4根湯匙
- ➲ 4個碗（可省略）

📄 原料：

- ➲ 香草夾心酥或巧克力夾心酥1包
- ➲ 你最愛口味的冰淇淋500毫升
- ➲ 至少四種酥脆的冰淇淋配料：
  - • Oreo餅乾、巧克力豆餅乾或全麥餅乾的碎片
  - • M&M's™
  - • 巧克力豆
  - • 迷你棉花糖
  - • 巧克力米
  - • 椰子絲

假設：想想看，你的冰河會夾帶多少泥土和石頭，1/4、1/2、3/4還是全部呢？

_____

_____

_____

_____

_____

_____

觀察重點：冰河如何夾帶泥土和石頭？

_____

_____

_____

_____

結果：大概有多少泥土和石頭混進冰河裡？和你的預測一樣嗎？

_____

_____

_____

_____

_____

4. 挖起500毫升的冰淇淋，放在山坡（烤盤）頂端的配料和夾心酥上面。

5. 等5分鐘，讓冰淇淋開始融化。

6. 你的冰淇淋冰河應該會開始沿著山坡往下滑。如果需要稍微推一下冰淇淋，可以使用湯匙輕輕推。

7. 把你的觀察情況和結果記錄下來。

8. 將冰河和配料分成4碗，或是用湯匙直接從烤盤裡挖著吃。超好吃！

過程和原理

冰河很重，而重量帶來的壓力會讓冰河與地面接觸的地方融化出一層水。這些水讓冰河可以在陸地上移動。當冰河移動時，會改變整個地貌，連丘陵和山脈也不例外！你的冰河有沒有夾帶大量的配料？

STEAM優勢：歷經長久時間的大規模自然事件，或是發生在地球久遠歷史上的事件，對於地球科學家來說幾乎都不可能有機會觀察。模型實驗是一種重要的科學方法，可以讓我們模擬這些事件，以規模比較小的版本進行觀察。

進階挑戰！要如何用食物作出河流的模型？你可以參考「學習資源」章節中的ScienceBuddies網站，裡面有運用玉米粉、沙子和水製作河流模型的說明。

料理小知識：
食品科學相關的職業

　　專業的食品科學家可以將食物的製作提升到下一個境界。食品科學界有數千種不同的工作，現在就來認識其中幾個！

　　每家食品公司都有好幾個食品科學家團隊，負責發明各式各樣的食品，

　　像是酥皮火雞派、巧克力棒等。這些食品科學家，都是運用設計流程創造出新產品、改善原有產品的工程師。

　　當這些產品準備好上市時，食品科學家必須進行數百項安全檢查，確定公司賣到商店裡的這些食品是安全的。他們也希望產品的外包裝可以吸引消費者，並確保運送產品的卡車、火車、船隻和飛機能將產品安全準時的送到。

　　食品科學家不見得都在大公司上班，有些是為政府或慈善機構工作，努力開發能解決飢餓問題的食物。食品科學家也會在戶外和農夫一起研究，找出能把作物種得更快、更好的方法。這些科學家，全都曾經在學校裡學習過STEAM的各門學科。

　　如果你喜歡烹飪和科學，也可以成為一位食品科學家！

第**7**章

廚房裡的**數學**實驗
MATHEMATICS

想像一下，製作蛋白餅和起司的時候，如果不知道要加多少牛奶，會怎麼樣？你可能會弄出一團濕答答的生麵團，多噁心啊！所以，食品科學家會運用數學創造出完美的配方。在廚房實驗中，每次要計算原料的份量、測量溫度或是計算料理時間，都會用到數學。如果你覺得數學很難，先別害怕！廚房科學裡的數學很有意義，而且能讓你嘗到美妙的滋味。

　　在這一章中，我們要用數學找出美味的配方。你可以一邊製作好喝的飲料和新鮮酥脆的爆米花，一邊認識密度（這是用兩個數字相除得來的數值）；也可以透過甘藍湯、檸檬水和巧克力蛋糕（超好吃！），了解**酸鹼值**這個將溶液的酸鹼度用數學量化的衡量標準。不只如此，你還可以在製作冰淇淋的過程中學習溫度的測量方法，在為棉花史萊姆軟糖找出完美配方的過程中學會計算比例。最後，你不但可以學習溫度如何改變氣體的體積、測量變化的量，還能烤出鬆軟美味的鬆餅！

阿基米德的果汁：
可以喝的密度柱

難度：簡單

混亂度：有點混亂

最佳享用方式：零食

準備時間：無

全程時間：10分鐘

成品份量：4杯飲料

? 在兩千多年前，有一位叫阿基米德的科學家發現，如果把物體放進水中，這個物體會把水排開，而且會受到一股向上的力，大小等同於該物體排開的**液體重量**。從此之後，**阿基米德原理**就成為數學家用來找出物體密度的定律。在這個實驗中，我們要觀察三種密度各不相同的液體，然後把它們喝掉！你認為哪一種液體會沉到底下？是氣泡水、果昔，還是果汁？

✊**步驟**

1. 將4個透明玻璃水杯放在廚房檯面上。

2. 打開1罐氣泡水，在每個玻璃杯裡各倒入1/4的氣泡水。把你的觀察情況記錄下來。

3. 打開現成果昔，慢慢在每個玻璃杯裡各倒入1/4的果昔，讓果昔沿著玻璃杯的內側杯壁流下去。把你的觀察情況記錄下來。

✏**工具：**

➔ 4個透明玻璃水杯

📋**原料：**

➔ 氣泡水1罐（350毫升），任何水果口味皆可

➔ 用整顆水果做的現成果昔1份

➔ 澄清果汁（如蔓越莓汁、紅石榴汁、蘋果汁或野莓汁）2杯

假設： 想想看，三種液體當中，哪一種會沉到杯子底部？

_____

_____

_____

_____

觀察重點：描述每種液體倒入玻璃杯之後發生什麼變化。

_____
_____
_____
_____
_____
_____
_____

結果：沉到最下層的是哪種液體？浮在最上層的是哪種液體？和你的預測一樣嗎？

_____
_____
_____
_____
_____
_____
_____
_____
_____

4. 拿出2杯果汁，慢慢在每個玻璃杯裡各倒入1/4，讓果汁沿著玻璃杯的內側杯壁流下去。把你的觀察情況和結果記錄下來。

5. 將你的密度柱與親朋好友分享！

過程和原理

密度最大的液體，表示每單位體積的質量最重，會沉到密度柱的最底層。果昔裡頭混著整顆水果，水果質量很大，因此果昔的密度最大，會沉到最下面。果汁中有加糖，使得質量增加，所以密度是第二大。氣泡水因為有很多氣泡，質量比糖和水果都來得小，所以密度最小，會浮在最上層。

STEAM優勢：科學家研究液體時，常會用數學來計算液體的密度。

進階挑戰！你可以研究廚房中其他液體的密度，還有固體食物的密度。試試看，哪種水果可以漂浮在密度柱的果昔層和果汁層中間呢？

美味爆爆樂：
爆米花知多少

難度：中等
混亂度：有點混亂
最佳享用方式：零食
準備時間：無
全程時間：15分鐘
成品份量：1到4人份的爆米花（根據你有多餓而定）

 爆米花是種不可思議的食物，製作爆米花用的玉米粒會在受熱時爆開。在這個實驗中，我們要預測爆米花爆開時在**體積**上有什麼變化。你認為1/4杯的爆米花粒在爆開之後，會變成幾杯爆米花？

 警告：用火爐煮東西時，一定要有大人陪同。

步驟

1. 將1大匙油倒入附蓋的小鍋子（容量約2公升）。

2. 在大人的陪同之下，使用中火將鍋中的油加熱30秒。

3. 將1/4杯爆米花粒加進鍋內，蓋上鍋蓋。

4. 站在鍋子旁邊聽聽看。一開始只會聽到一兩次爆裂聲，之後爆裂聲就會多到數都來不及數。在爆裂聲開始慢下來之後關火。

工具：

- 量杯和量匙
- 附蓋的小鍋子（容量約2公升）
- 火爐
- 4杯量的耐熱液體量杯
- 碗
- 湯匙

原料：

- 芥花油或植物油1大匙（不可使用橄欖油）
- 爆米花粒1/4杯
- 鹽一小撮
- 切達乳酪絲1/8杯（可省略）
- 融化奶油2小匙（可省略）

假設：想想看，用1/4杯的爆米花粒可以做出幾杯爆米花？

_____

_____

_____

_____

_____

觀察重點：描述你在做爆米花時發生了什麼事。

_____

_____

_____

_____

結果：你做出幾杯爆米花？將結果和你原本的預測比較看看。

_____

_____

_____

_____

5. 讓鍋子繼續蓋著鍋蓋，靜置1分鐘左右，等爆裂聲停下來。

6. 在大人陪同下，用隔熱手套將鍋蓋拿起來，把你的觀察情況記錄下來。

7. 用隔熱手套拿起鍋子，將爆米花倒入4杯量的量杯裡，把你的結果記錄下來。

8. 將爆米花倒進碗中。

9. 將一小撮鹽、1/8杯切達乳酪絲，或2小匙融化的奶油灑在熱爆米花上，用湯匙攪拌均。

每個製作爆米花用的玉米粒，都是由三個重要部分組成：硬殼、水和澱粉。當爆米花粒受熱時，水和澱粉都會膨脹，水膨脹造成的壓力會讓硬殼裂開。澱粉爆出來時就會固化，變成膨鬆酥脆、廣受歡迎的爆米花。只要1/4杯玉米粒，就能爆出很多爆米花喔！

隨手筆記：

_____

_____

_____

_____

_____

_____

_____

_____

_____

STEAM優勢：食品科學家經過無數次實驗，試著找出最蓬鬆、最酥脆的爆米花，才有了現在食品雜貨店裡賣的各種微波爆米花和烤爆米花。

進階挑戰！實驗看看不同的調味組合，像是蜂蜜肉桂、大蒜鼠尾草等等。想幫爆米花調味，最簡單的方式就是融化2大匙奶油，加入1/2到1小匙的香料（如果想做甜的口味，再加入2大匙蜂蜜或糖），混合之後倒在剛爆好的爆米花上。

有趣的滲透作用：
巨大的小熊軟糖

✎工具：

- 4個透明玻璃杯或透明罐子
- 紙膠帶
- 1根湯匙
- 尺

▋原料：

- 水3杯
- 糖1/8杯，另備1/2杯
- 果汁1杯
- 小熊軟糖1包

假設：想想看，把小熊軟糖泡在不同的液體中，會觀察到什麼樣的變化？

_____

_____

_____

_____

_____

難度：簡單
混亂度：有點混亂
最佳享用方式：零食
準備時間：無
全程時間：浸泡一晚，當天及隔天各5分鐘
成品份量：1份小熊軟糖

 當生物處在水分含量很高的液體中，我們會把這種液體稱為**低滲透壓溶液**。在這個實驗中，我們要把小熊軟糖泡在各種糖水溶液中，測試哪一種是低滲透壓溶液。小熊軟糖在泡過不同的糖水溶液之後，會有什麼變化？

🧤步驟

1. 將4個透明玻璃水杯或透明罐子放在檯面上。

2. 在每個玻璃杯上貼一段紙膠帶，分別標上：水、淡糖水、濃糖水和果汁。

3. 在前三個玻璃杯裡各倒入1杯水。

4. 在「淡糖水」的玻璃杯裡加1/8杯糖，攪拌到糖溶解。

5. 在濃糖水的玻璃杯裡加1/2杯糖，攪拌1分鐘。有一些糖不會溶解。

6. 將1杯果汁加入有標「果汁」的那個玻璃杯。

7. 在每個玻璃杯裡各放1顆小熊軟糖，另外在廚房檯面上放1顆小熊軟糖，做為比較組。

8. 將杯子放入冰箱冷藏，讓小熊軟糖浸泡一晚。

9. 隔天早上，用湯匙把四顆小熊軟糖都從杯子裡撈出來，用尺一一測量每顆小熊軟糖從頭到腳的長度。把你的觀察情況和結果記錄下來。

10. 這些小熊軟糖都可以吃，吃起來的口感有甚麼不同嗎？

過程和原理

每種溶液中的水份都比小熊軟糖多，含糖量則比小熊軟糖少。因此水會進入小熊軟糖裡面，好平衡小熊軟糖和溶液之間的含水量跟含糖量。含糖量最少的溶液，是滲透壓最低的。水進入（或離開）生物體內的現象，稱為**滲透**。

STEAM優勢：生物學家會研究生物和生物在低滲透壓溶液中存活的能力，來了解我們所生活的世界。

進階挑戰！除了用糖，你還可以用鹽製作低滲透壓溶液。不妨把果乾和水果軟糖放在不同的低滲透壓溶液裡，測試看看會怎麼樣！

觀察重點：描述你觀察到的變化。

_____
_____
_____
_____
_____
_____
_____

結果：哪一種溶液會讓小熊軟糖長得最大？其中哪一種是滲透壓最低的溶液，為什麼？為什麼不是其他溶液？

_____
_____
_____
_____
_____
_____
_____
_____
_____

封藏美味的訣竅：
蒔蘿醃黃瓜

✎工具：

- 一把適合切黃瓜的刀，給大人使用
- 1公升的附蓋玻璃罐（或是其他容量1公升的附蓋耐熱容器）
- 4杯量的耐熱液體量杯
- 量匙
- 附鍋蓋的小鍋子
- 火爐
- 長柄湯匙
- 篩網

難度：中等
混亂度：有點混亂
最佳享用方式：搭配午餐或晚餐，或當零食
準備時間：切黃瓜及準備醃醬10分鐘
全程時間：等待一晚，前後各15分鐘
成品份量：1公升的蒔蘿醃黃瓜

 當生物處在糖分或鹽分含量很高的液體中，我們會把這種液體稱為**高滲透壓溶液**。生物在高滲透壓溶液中可能會有危險，因為很容易流失水分。在這個實驗中，我們要製作蒔蘿醃黃瓜。醃黃瓜是將黃瓜泡在高鹽或高糖的高滲透壓溶液中製成，黃瓜會出現什麼變化呢？

 警告：請大人幫忙完成步驟1、4和5（切蔬菜及處理熱醃醬）。

👋步驟

1. 請大人用刀將4條小黃瓜直切成四等分的長條，再將1/2杯洋蔥切絲，並用刀面將3瓣大蒜拍碎。

▍原料：

- 小黃瓜4條（可挑選較短且表皮有刺疣的小黃瓜）
- 洋蔥片1/2杯
- 大蒜3瓣（拍碎）
- 醋1杯
- 水1杯
- 鹽3小匙
- 乾燥蒔蘿草3小匙
- 糖1大匙（經典口味）到1/2杯（偏甜口味）

假設：想想看，將小黃瓜在醃醬裡浸泡一晚之後，會觀察到什麼變化？

_____

_____

_____

_____

_____

_____

_____

2. 將切好的小黃瓜和洋蔥放入1公升的罐子裡，小黃瓜看起來如何？把觀察情況記錄下來。

3. 用4杯量的耐熱液體量杯量出1杯醋和1水，倒入鍋子。加入3瓣拍碎的大蒜、3小匙鹽、3小匙乾燥蒔蘿草，以及1大匙糖（經典口味）或1/2杯糖（偏甜口味），就是醃醬了。

4. 在大人陪同下，將整鍋醃醬放在火爐上，開中火加熱，每分鐘至少要用長柄湯匙攪拌一次，直到沸騰為止。當醃醬沸騰時立即關火。

5. 請大人幫忙將熱醃醬倒入4杯量的耐熱液體量杯，注意此時醃醬的量有幾杯。將熱醃醬倒入罐子，淋在小黃瓜和大蒜上，然後將罐子蓋上蓋子，立即放入冰箱。

6. 注意量杯裡面還剩下幾杯醃醬。以步驟5量到的總杯數減去現在的杯數，就可以用數學計算出倒進罐子的液體有多少，把你的觀察情況記錄下來。

7. 將罐子放在冰箱裡冷藏一晚。

8. 隔天，在4杯量的耐熱液體量杯上放篩網。

9. 打開罐子,將裡面的東西全部倒入篩網。醃醬會流入量杯裡,醃黃瓜則會留在篩網上。醃醬的量有幾杯?醃黃瓜看起來如何?把你的觀察情況和結果記錄下來。

過程和原理

小黃瓜在醃醬中浸泡一晚之後,會流失很多水分。這是因為小黃瓜所含的水分比醃醬多,小黃瓜裡的水會往外流入醃醬中,好平衡小黃瓜和醃醬的含水量。水離開(或進入)生物體內的現象,稱為滲透。

STEAM優勢:生物學家常會在水族箱裡飼養活體生物,他們必須特別留意水族箱的水,滲透壓不能太高,否則他們研究的活體生物就會脫水生病。

進階挑戰!醃製是食品科學中的一種技巧,可以讓蔬菜保存更久而不會壞掉。你也可以嘗試醃製其他蔬菜,像是四季豆或甜菜。哪一種蔬菜流失的水最多?哪一種最少?

觀察重點:注意在小黃瓜浸泡一晚之前(步驟6)和之後(步驟9),小黃瓜的外觀有什麼變化?液體的量又有什麼不同呢?

——————————
——————————
——————————
——————————
——————————
——————————
——————————

結果:在高滲透壓溶液中浸泡一晚,讓小黃瓜發生了什麼樣的變化?

——————————
——————————
——————————
——————————
——————————
——————————
——————————

自製酸鹼指示劑：
紫甘藍的妙用

工具：

- ➔ 容量2公升的附蓋鍋子
- ➔ 量杯
- ➔ 火爐
- ➔ 容量500毫升的附蓋罐子
- ➔ 幾個透明的小罐子或小玻璃杯
- ➔ 幾根湯匙

難度：中等
混亂度：有點混亂
最佳享用方式：午餐或晚餐
準備時間：無
全程時間：30分鐘
成品份量：2杯紫色蔬菜湯及2杯酸鹼指示劑

? 酸是吃起來有**酸味**的化學物質，當濃度非常高時可以燒穿東西。鹼是摸起來滑滑的化學物質，濃度很高時可以分解物質。科學家若想知道某個東西是酸性還是鹼性，會使用一種叫做**酸鹼指示劑**的科技產品，這種化學物質在碰到酸或鹼時，**會變成不同的顏色**。在這個實驗中，我們要煮出酸鹼指示劑，用來測試不同的飲料，看看這些飲料是酸性還是鹼性。你知道廚房裡還有其他酸性或鹼性的物質嗎？

警告：用火爐煮東西時，要有大人陪同。

🧤步驟

1. 將1/4顆紫甘藍和4杯水放入容量2公升的附蓋鍋子。

2. 在大人陪同下，蓋上鍋蓋，將鍋子放到火爐上以中火燉煮，煮到水變成深紫色為止，約需5到10分鐘。

3. 關火，靜置10分鐘放涼。

4. 請大人幫忙將2杯的鍋中湯汁倒入容量500毫升的罐子，這就是你的酸鹼指示劑了。鍋裡還剩下2杯的湯汁和紫甘藍，先放著備用。

5. 將1/4杯醋倒入一個小罐子。

6. 將1/4杯水倒入第二個小罐子，再拌入1大匙小蘇打粉。

7. 用乾淨的湯匙，從裝酸鹼指示劑的罐子舀出1大匙，加入醋中。再對裝小蘇打粉溶液的罐子重複這個步驟。把你的觀察情況記錄下來。

8. 把你要測試的其他飲料分別裝1/4杯到不同的小罐子裡，然後加入1大匙酸鹼指示劑。把你的結果記錄下來。

9. 把裝有酸鹼指示劑的罐子蓋上蓋子，放到冰箱冷藏保存。在接下來的兩個實驗（「酸甜在心頭」和「烤箱裡的火山」）中，你還會再用到酸鹼指示劑。

10. 回到步驟4放著備用的鍋子前。你可以直接享用原味的紫甘藍湯，也可以依照「進階挑戰！」單元的說明做成羅宋湯。

📋原料：

- ◐ 紫甘藍1/4顆
- ◐ 水4杯，另備1/4杯
- ◐ 醋1/4杯
- ◐ 小蘇打粉1大匙
- ◐ 飲料數種（例如牛奶、蘋果汁、檸檬汁和汽水），各1/4杯

假設：列出你要測試的飲料，在每種飲料旁邊寫下你認為是酸性還是鹼性，例如「醋：酸」。

_____

_____

_____

_____

_____

_____

_____

_____

觀察重點：你一開始做出來的酸鹼指示劑是什麼顏色？加進醋裡後變成什麼顏色？加進小蘇打粉溶液後又變成什麼顏色？

結果：列出你測試過的飲料，在每種飲料旁邊寫下酸鹼指示劑是變成粉紅色（代表偏酸）、藍色（代表偏鹼），還是維持紫色（代表中性）。計算酸性和鹼性飲料各有幾種，是酸性飲料比較多，還是鹼性飲料比較多呢？

過程和原理

黃素是讓紫甘藍湯呈現紫色的分子，對於酸鹼變化很敏感。黃素在酸性溶液中會發生化學變化，變成一種稍微不同的分子，呈現粉紅色。在鹼性溶液中，黃素也會發生化學變化，變成另一種分子，呈現藍色或綠色。

STEAM優勢：科學家常常要花上好幾週的時間，為他們使用的溶液找出最完美的配方。很多專業實驗室所使用的溶液，是用超過20種重要原料製成的。科學家會用像黃素這樣的酸鹼指示劑，來測試溶液的酸鹼性。

進階挑戰！羅宋湯是烏克蘭的傳統菜餚，以甜菜、甘藍菜和馬鈴薯製成。想把你的紫甘藍湯做成一道羅宋湯嗎？請先拿出一個空的大湯鍋，並請大人陪同，在鍋內加入2大匙橄欖油，加熱1分鐘，然後放入2顆去皮切成薄片的甜菜、1顆切成小塊的洋蔥，以及1根切段的芹菜。將甜菜炒至變軟，大約需7分鐘。接著加入2杯雞高湯、2杯紫甘藍湯、1顆切成大塊的馬鈴薯，以及1條切成大塊的紅蘿蔔。在把湯加熱到沸騰的過程中，加入1片月桂葉、1大匙醋，以及1/2小匙的鹽。將湯燉煮到湯裡的蔬菜變軟，大約需10分鐘。最後將煮過的紫甘藍切塊加入熱湯中，就完成了。享用這道湯品時，可以搭配一點原味優格或酸奶油。

酸甜在心頭：
檸檬水的酸鹼值

難度：簡單

混亂度：有點混亂

最佳享用方式：搭配午餐或晚餐的飲料

準備時間：擠檸檬汁，約10分鐘

全程時間：30分鐘

成品份量：4杯檸檬水

在「紫甘藍的妙用」實驗（參閱158頁）中，我們用紫甘藍湯做了酸鹼指示劑。在這個實驗中，我們要用酸鹼指示劑來比較檸檬汁和檸檬水的酸鹼值。酸鹼值是介於1到14之間的數字，數字越小，表示溶液越酸。測試紫甘藍湯的酸鹼性時，可以根據顏色判斷酸鹼值。

將檸檬汁加水做成檸檬水後，你認為酸鹼值會改變多少？

🧤步驟

1. 將1/8杯檸檬汁倒入透明的小罐子，再加入1大匙酸鹼指示劑，把你的觀察情況記錄下來。

🔪工具：

- 檸檬榨汁器
- 2個透明小罐子或杯子
- 4杯量的液體量杯
- 量匙
- 湯匙
- 玻璃水杯

📋原料：

- 用3顆大檸檬榨出的檸檬汁
- 水3杯
- 糖1/2杯
- 在「紫甘藍的妙用」實驗中做的紫甘藍湯2大匙

假設：想想看，將檸檬汁加水做成檸檬水後，酸鹼值會改變多少？

_____

_____

2. 在4杯量的液體量杯中倒入3杯水，然後加入檸檬汁，讓液體總量變成3又1/2杯，再加入1/2杯糖。

3. 用湯匙攪拌均勻。

4. 將1/8杯檸檬水倒入第二個透明小罐子，然後加入1大匙紫甘藍湯（酸鹼指示劑）。把你的觀察情況和結果記錄下來。

5. 剩下的檸檬水可以直接享用，或加點冰塊！

過程和原理

想大幅改變溶液的酸鹼值，必須要有化學變化。在檸檬汁中加水雖然會把酸稀釋一點，但不會產生化學變化。因此，把檸檬汁做成檸檬水不會讓酸鹼值改變多少。

STEAM優勢： 科學家會在溶液中加水來稀釋溶液。當生物學家想讓培養的微生物不要那麼密集時，會將溶液稀釋多次。化學家則會透過稀釋溶液的方式，將分子的密度調整到符合實驗所需。

進階挑戰！ 現在你已經知道要讓酸性物質的酸鹼值增加1，必須加入10倍的水，請根據這個原則，設計出能把檸檬汁稀釋到酸鹼值增加2的實驗。記得在實驗計畫中寫出用量。

觀察重點： 酸鹼指示劑和檸檬汁混合後，變成什麼顏色？和檸檬水混合之後呢？用這個實驗開頭的顏色對照表找出這兩種液體的酸鹼值並寫下來，例如「檸檬汁：紫色：6」。

_____

_____

_____

_____

_____

結果： 用檸檬水測得的酸鹼值減掉檸檬汁的酸鹼值，就可以算出酸鹼值的變化。

_____

_____

_____

_____

_____

烤箱裡的火山：
當小蘇打粉遇上醋

工具：

- 烤箱
- 隔熱手套
- 2個馬芬蛋糕烤模
- 24個馬芬蛋糕紙模或矽膠模
- 2個大碗
- 量杯和量匙
- 電動攪拌機、有攪拌槳配件的桌上型攪拌機或湯匙
- 大湯匙
- 3個透明的小罐子或小玻璃杯
- 2根一般大小的湯匙

難度：進階
混亂度：有點混亂
最佳享用方式：甜點
準備時間：開始實驗的2小時前須先將奶油拿出冰箱退冰
全程時間：製作麵糊30分鐘，烘烤15分鐘，放涼5分鐘
成品份量：24個杯子蛋糕

> **?**
> 經典的火山實驗是用醋（酸性物質）和小蘇打粉（鹼性物質）結合，來模擬火山爆發的現象。在這個實驗中，我們要使用「紫甘藍的妙用」實驗（參閱158頁）中做的酸鹼指示劑，來比較醋和杯子蛋糕麵糊的酸鹼值。酸鹼值是介於1到14之間的數字，數字越小，表示溶液越酸。你可以用161頁的顏色對照表找出每個顏色代表的酸鹼值。
> 　　把醋加入小蘇打粉和其他原料中做成杯子蛋糕的麵糊後，你認為酸鹼值會改變多少？

! **警告：**使用電動攪拌機和烤箱，一定要有大人陪同。

步驟

1. 將烤箱預熱到175℃。在馬芬蛋糕烤模的每個杯模中，各放1個紙模或矽膠模。

2. 將3/4杯奶油、1又3/4杯糖和1顆雞蛋放入一個大碗中混合。在大人陪同下，用電動攪拌機、附攪拌槳配件的桌上型攪拌機或湯匙，將大碗中的原料攪拌均勻。

3. 將2又1/2杯麵粉、1又1/4小匙小蘇打粉、1又1/4小匙肉桂粉、1/2小匙的鹽和1/2杯可可粉放入另一個大碗混合。用乾淨的湯匙攪拌，直到混合物呈現均勻的淺咖啡色。

4. 將乾性原料加進剛才混合好的奶油、糖和雞蛋中。在大人陪同下，用電動攪拌機、附攪拌槳配件的桌上型攪拌機或湯匙，將大碗中的原料攪拌均勻。

5. 將1又1/2杯水和1小匙香草精加入麵糊中。在大人陪同下，用電動攪拌機、附攪拌槳配件的桌上型攪拌機或湯匙，將大碗中的原料全部攪拌均勻。

6. 將1大匙醋倒入小玻璃罐中，然後加入1大匙紫甘藍湯（酸鹼指示劑）。把你的觀察情況記錄下來。

7. 用一般大小的湯匙，從攪拌用的碗中挖出1大匙的杯子蛋糕麵糊，倒入另一個小玻璃罐，然後加入1大匙紫甘藍湯（酸鹼指示劑）。用湯匙輕輕攪拌混合物，然後等麵糊沉澱下去，才看得出酸鹼指示劑的顏色。把你的觀察情況記錄下來。

原料：

- 室溫無鹽奶油3/4杯
- 糖1又3/4杯
- 雞蛋1顆
- 麵粉2又1/2杯
- 小蘇打粉1又1/4小匙
- 肉桂粉1又1/4小匙
- 鹽1/2小匙
- 可可粉1/2杯
- 水1又1/4杯
- 香草精1小匙
- 醋3大匙（分開裝）
- 在「紫甘藍的妙用」實驗（參閱158頁）中做的紫甘藍湯3大匙（分開裝）

假設： 想想看，將醋與杯子蛋糕的麵糊混合後，酸鹼值會改變多少？請寫下你的預測。舉例來說，如果你認為酸鹼值會從4變成6，請記下2。

_____

_____

_____

_____

觀察重點： 酸鹼指示劑跟醋混合後，變成什麼顏色？跟沒加醋的杯子蛋糕麵糊混合之後，變成什麼顏色？跟加了醋的杯子蛋糕麵糊混合之後，又變成什麼顏色？用163頁的顏色對照表找出這三種液體的酸鹼值並寫下來，例如「醋：紫色：6」。

_____

_____

_____

_____

8. 在裝杯子蛋糕麵糊的大碗中，加入2大匙醋。在大人陪同下，用電動攪拌機、附攪拌槳配件的桌上型攪拌機或湯匙，將大碗中的原料攪拌均勻。

9. 用一般大小的湯匙，從攪拌用的碗中挖出1大匙加醋的杯子蛋糕麵糊，倒入另一個小玻璃罐，然後加入1大匙紫甘藍湯（酸鹼指示劑）。用湯匙輕輕攪拌混合物，然後等麵糊沉澱下去，才看得出酸鹼指示劑的顏色。把你的觀察情況記錄下來。

10. 將剩餘的杯子蛋糕麵糊平均分裝到2個馬芬蛋糕烤模的24個杯模裡，每個杯模只要裝2/3到3/4滿。

11. 在大人陪同下，將馬芬蛋糕烤模放入預熱到175℃的烤箱裡，烘烤15分鐘。如果要檢查杯子蛋糕是不是烤熟了，可以用一根牙籤插入杯子蛋糕，如果拔出來的牙籤上沒有沾黏麵糊，就是烤熟了。

12. 在烤杯子蛋糕的同時，把你的結果記錄下來。

13. 這些杯子蛋糕單吃就很美味，不過你也可以用第六章「彩虹繽紛樂」實驗（參閱121頁）做的糖霜來裝飾。

在這個實驗的化學反應中，醋和小蘇打粉結合，產生了新的化學物質。溶液中原有的酸，因為經過化學變化而消失了。當醋和小蘇打粉出現化學反應時，會產生氣泡，因此杯子蛋糕會有鬆軟的口感。

結果： 用杯子蛋糕麵糊測得的酸鹼值減掉醋的酸鹼值，就可以算出酸鹼值的變化。

_____

_____

_____

_____

_____

STEAM優勢： 當化學家需要降低溶液的酸度或鹼度時，會在溶液中加入可以改變酸鹼值的化學物質。有些化學物質原本的酸鹼值對環境有害，這種方法特別適合用來處理這類物質。如果將強酸排放到環境中，容易產生酸雨，會對生物造成傷害。

進階挑戰！ 測量各種份量的醋和小蘇打粉，放入玻璃水杯中做化學反應的實驗，最後你就會找出能讓溶液慢慢溢出玻璃杯的正確比例。如果你先在醋裡加入紅色食用色素，倒入放在火山模型裡的玻璃杯中，再加入小蘇打粉，就可以做出經典的火山爆發模型實驗！

沁涼好滋味：
滾滾冰淇淋

工具：

- 2杯量的液體量杯
- 量杯和量匙
- 2杯量的密封罐
- 3磅裝的咖啡罐
  （或奶粉罐）
- 防水布膠帶（約90
  公分長）
- 氣溫計

原料：

- 牛奶1杯
- 鮮奶油3/4杯
- 糖1/3杯
- 香草精1/2小匙
- 冰塊3到6盒
- 粗鹽1杯

難度：簡單
混亂度：中等混亂
最佳享用方式：甜點
準備時間：無
全程時間：30分鐘
成品份量：4份口感柔軟的香草冰淇淋

 冬天下雪時，人們常會把鹽灑在人行道和馬路上，因為鹽可以讓雪融化。在這個實驗中，我們要來探索鹽對於冰的溫度有什麼影響，並利用這種作用製作霜淇淋。一般的冰是0℃，你認為鹽會如何改變冰的溫度呢？

警告：要請大人幫忙檢查你的蓋子有沒有蓋緊。使用防水布膠帶時，一定要有大人陪同。

📥 步驟

1. 將1杯牛奶倒進2杯量的液體量杯。

2. 將鮮奶油加進牛奶，讓液體總量變成1又3/4杯。你加了多少鮮奶油？

3. 將1/3杯糖倒入2杯量的密封罐裡。

4. 將牛奶和鮮奶油的混合物倒入密封罐，直到罐子裝滿為止。

5. 將1/2小匙的香草精倒入密封罐。

6. 請大人幫你將罐子蓋緊。

7. 搖晃罐子，讓裡面的原料均勻混合。

8. 將裝著冰淇淋溶液的罐子放進咖啡罐。

9. 將冰塊倒在冰淇淋罐上面，填滿冰淇淋罐和咖啡罐之間的空隙。

10. 在冰塊上加1杯冰淇淋鹽。

11. 請大人幫你將咖啡罐的蓋子蓋緊。你可以在罐蓋上貼防水布膠帶，讓蓋子更密合。

12. 將咖啡罐慢慢來回滾動15分鐘。你可以放在廚房的檯面、地面或外面的人行道上滾動，用手或腳也都可以，但動作要溫和，別把裡面的罐子弄破。

假設：想想看，冰塊與鹽混在一起之後溫度會是幾度？

_____

_____

_____

_____

觀察重點：記錄滾動咖啡罐之前和之後的冰塊溫度。

_____

_____

_____

_____

結果：冰塊的溫度改變了多少？將最後的溫度減掉一開始的溫度，就可以算出溫差。鹽讓冰塊的溫度變高，還是變低了呢？

_____

_____

_____

_____

13. 滾動15分鐘後，打開咖啡罐。使用溫度計測量咖啡罐裡面冰塊和鹽的溫度，把你的觀察情況記錄下來。

14. 冰通常是0℃。減掉冰塊和鹽的溫度，就可以用數學算出鹽讓冰塊降了多少度。把你的結果記錄下來。

15. 享用冰淇淋！

隨手筆記：

_____

_____

_____

_____

_____

_____

_____

_____

_____

過程和原理

冰融化需要消耗熱量。當冰融化時，水分子會冷卻，因為冰融化成水需要吸收能量。在冰水中加入鹽之後，因為受到鹽分子影響，水無法重新結冰，但隨著冰一直融化，溫度會越來越低（甚至可以降到-21℃！）。

STEAM優勢： 結冰和融化的物理變化，對於研究大氣和天氣的地球科學家來說非常重要。

進階挑戰！ 除了鹽，添加其他原料也可以改變水結冰和融化的溫度，例如糖。你對自己做出來的冰淇淋口感滿意嗎？想讓冰淇淋變得更紮實嗎？上網找找可以在冰淇淋溶液中加入哪些美味食材來提高結冰溫度，讓冰淇淋變得更紮實；你也可以實驗看看，如果在冰淇淋製造罐中加入不同份量的冰塊，能不能讓冰塊變得更冰。

可以吃的史萊姆：棉花史萊姆軟糖

✏️工具：

- ➲ 碗
- ➲ 量杯和量匙
- ➲ 湯匙
- ➲ 附蓋的塑膠保鮮盒

📋原料：

- ➲ 棉花糖抹醬1杯
- ➲ 香草精1/2小匙
- ➲ 糖粉1/4杯
- ➲ 玉米澱粉1杯（分開裝）
- ➲ 膠狀或液狀食用色素（可省略）

難度：簡單
混亂度：中等混亂
最佳享用方式：零食、甜點
準備時間：量好棉花糖抹醬5分鐘
全程時間：最多30分鐘
成品份量：1又1/2杯可以吃的棉花史萊姆軟糖

> 不同的原料，會讓我們製作的食物產生不同的口感。通常每種原料的相對份量，也就是**比例**，會造成很大的差異。比方說，做蛋糕時麵粉和雞蛋的比例是1：1（1杯麵粉配1杯雞蛋），而做鬆餅時麵粉和雞蛋的比例是2：1（2杯麵粉配1杯雞蛋）。在這個實驗中，我們要嘗試用不同比例的棉花糖抹醬和玉米澱粉，製作出口感最完美的史萊姆軟糖。棉花糖抹醬和玉米澱粉要用什麼比例搭配，才能做出延展性好又不會黏的史萊姆軟糖？

⚠️ 警告：吃太多生玉米澱粉會導致胃不舒服，這款史萊姆軟糖可以安心食用，但別一口氣全部吃光。

🧤步驟

1. 將1杯棉花糖抹醬、1/2小匙香草精、1/4杯糖粉和1/4杯玉米澱粉倒入碗中。這個混合物的比例是4份棉花糖抹醬配1份玉米澱粉。

2. 用湯匙攪拌混合物，直到原料都黏在一起。把你的觀察情況記錄下來。

3. 將另外1/4杯玉米澱粉加入碗中，用湯匙攪拌混合物，直到原料都黏在一起。你目前加了1杯棉花糖抹醬和1/2杯玉米澱粉，這個混合物的比例是多少？把你的觀察情況記錄下來。

4. 將另外1/4杯玉米澱粉加入碗中，用湯匙攪拌混合物，直到原料都黏在一起。這個混合物的比例是多少？把你的觀察情況記錄下來。

5. 用乾淨的雙手拿起球狀的史萊姆軟糖，把玩幾分鐘看看。

6. 如果你喜歡史萊姆軟糖現在的質地，就把你的結果記錄下來。如果覺得太黏，請將另外1/4杯玉米澱粉加入碗中，用湯匙攪拌混合物，直到原料都黏在一起。這個混合物的比例是多少？把你的觀察情況和結果記錄下來。

7. 如果你想幫史萊姆軟糖染色，可以加入3到5滴食用色素，將史萊姆軟糖放在碗裡用手把顏色揉進去。

8. 將史萊姆軟糖放在塑膠保鮮盒裡，灑一些玉米澱粉，並將蓋子蓋緊。

假設：想想看，棉花糖抹醬和玉米澱粉要用什麼比例搭配，才能做出延展性好又不會黏的史萊姆軟糖？（例如3份棉花糖配1份玉米澱粉）

_____

_____

_____

_____

_____

觀察重點：描述史萊姆軟糖在實驗各個階段的口感如何。

_____

_____

_____

_____

結果：棉花糖抹醬和玉米澱粉的最終比例是什麼？

_____

_____

_____

_____

_____

過程和原理

玉米澱粉是一種增稠劑，會吸收液體，讓溶液變得比較不黏。當你在棉花糖抹醬中加入玉米澱粉時，玉米澱粉會吸收水分，讓混合物變得沒那麼黏。棉花糖抹醬和玉米澱粉的比例通常1：1就可以了，但當你把史萊姆軟糖拿在手上時，會讓溫度升高，就會消耗玉米澱粉。每次把玩史萊姆軟糖之後，你可能都需要再加一些玉米澱粉。

隨手筆記：

_____

_____

_____

_____

_____

_____

_____

_____

_____

STEAM優勢：食品科學家必須掌握比例，才能得到適合的配方。在食品實驗室中，科學家常常會微調同一個配方的比例，一次又一次不斷重做，直到做出最適合的結果。

進階挑戰！你也可以用整顆的棉花糖來製作棉花史萊姆軟糖，只要把1杯棉花糖抹醬改成1杯迷你棉花糖即可。製作步驟和這份食譜一樣，但要請大人幫你把迷你棉花糖用微波爐加熱約20秒，讓棉花糖軟化。你也可以試著在棉花史萊姆軟糖中加入配料，如果加了巧克力豆會怎麼樣？

氣體的體積：
烤出膨膨的美味
鬆餅

難度：進階

混亂度：有點混亂

最佳享用方式：早餐

準備時間：無

全程時間：45分鐘

成品份量：1份口感鬆軟的大鬆餅

氣體受熱時會膨脹，所占的體積也會變大。烘培師傅就是利用這個物理法則，使用烤箱烤出蓬鬆的食物。在這個實驗中，我們要用雞蛋、麵粉和牛奶烤出鬆軟好吃的鬆餅。鬆餅烤過之後會變高幾倍？

警告：請大人幫忙操作烤箱，並用隔熱手套拿取發燙的平煎鍋。

🔨步驟

1. 將2大匙奶油放入適用烤箱的平煎鍋。

2. 將平煎鍋放入冷的烤箱。

3. 將烤箱預熱至220℃。

4. 將1/2杯牛奶倒進2杯量的液體量杯。

5. 打3顆雞蛋加入牛奶中，用叉子攪拌。

6. 用叉子將1/2杯麵粉拌入雞蛋和牛奶的混合物。

7. 請大人戴上隔熱手套，將熱的平煎鍋從烤箱拿出來，然後把麵糊倒進平煎鍋裡。拿一把尺放

✏️工具：

- ➡ 20到25公分適用烤箱的平煎鍋
- ➡ 烤箱
- ➡ 2杯量的液體量杯
- ➡ 量杯
- ➡ 叉子
- ➡ 隔熱手套
- ➡ 尺

📋原料：

- ➡ 奶油2大匙
- ➡ 牛奶1/2杯
- ➡ 雞蛋3顆
- ➡ 麵粉1/2杯
- ➡ 楓糖漿適量

假設：鬆餅在烤箱裡受熱之後會變高幾倍？比方說，如果鬆餅一開始是2.5公分高，後來變成7.5公分高，那就是變高3倍。

_____

_____

_____

_____

觀察重點：記錄鬆餅烘烤前後的高度。

_____

_____

_____

_____

結果：將鬆餅烤好後的高度除以麵糊的高度，就可以算出鬆餅變高幾倍。

_____

_____

_____

_____

_____

在平煎鍋外面，大略測量鍋內的麵糊有多高。

8. 小心不要碰到熱的平煎鍋。把你的觀察情況記錄下來。

9. 將裝有麵糊的平煎鍋放回烤箱，以220℃烤25分鐘。鬆餅烤好後會看起來鬆鬆軟軟，並呈現金黃色。

10. 請大人戴上隔熱手套，將烤好的鬆餅從烤箱拿出來。

11. 在鬆餅塌陷之前，用尺測量鬆餅的高度，把你的觀察情況和結果記錄下來。

過程和原理

烤鬆餅時，雞蛋和牛奶中的水分子會從液體變成氣體。隨著溫度升高，氣體的體積也變得越大。由於麵粉的分子困住氣體，氣體無處可去，所以鬆餅必須變大，才有空間容納體積變大的氣體。

STEAM優勢：食品科學家製作鬆餅、瑪芬蛋糕等糕點時，都是利用氣體加熱膨脹的原理。工程師使用熱氣球、水肺潛水裝備或空壓儲氣桶時，也得知道氣體受熱後會膨脹多少。

進階挑戰！這道食譜可以做成各種的口味！你可以在麵糊中加入1/2杯的碎菠菜，然後在烘烤時間的最後5分鐘灑上1/2杯的切達乳酪絲。你也可以將麵糊和1/2杯的切絲蘋果混合，再將1/8杯糖和1/2小匙肉桂粉混合後灑在上面。你喜歡什麼樣的口味組合？

料理小知識： 營養的科學

　　健康的飲食會讓人感覺很好，而且只要知道哪些食物有益健康，就不難達成。營養學就是在探討哪些食物對人體有益，哪些食物應該少吃。1700年代時，營養學家發現攝取某些維生素和礦物質可以避免得到某些疾病。比方說，維生素C可以預防及治療壞血病，這種疾病很常發生在水手身上，因為他們在海上吃的蔬菜水果不夠多。

　　現代人大多可以吃到各式各樣的食物，不太會缺乏重要的維生素或礦物質，反而要擔心吃到太多不健康的食品。營養學家就是要找出能均衡攝取營養的食物，建議大家吃得健康。以下是幾個常見的飲食原則，幾乎每個人都適用：

● 蔬菜和水果對身體有益。
● 全穀類比精製穀類健康。舉例來說，全麥麵包比白麵包健康，糙米也比白米健康。
● 優質蛋白質有益身體健康，例如魚肉、堅果、豌豆、四季豆，還有低脂的牛奶、起司和優格。
● 高鹽、高糖、高脂的食物和飲料最好少碰。
● 原型食物（如杏仁果）通常比加工食品（如杏仁餅乾）還要來得健康。

　　每個人追求健康需要的飲食可能有些不同，你可以到「學習資源」章節裡面的MyPlate網站了解更多相關資訊。最後別忘了，吃新鮮的蔬菜水果絕對錯不了！

第 **8** 章
大功告成
IT'S A WRAP

你所做的這些廚房實驗，涉及了STEAM的所有環節：提出科學問題、發展出很酷的科技、設計工程解決方案、發揮藝術美感，還有可愛的數學運算。在你的廚房裡，可以看到這些科學中的分支學科相互搭配，就像在專業的實驗室裡一樣。實驗過程中，你不但探索了食品科學，也透過食物更認識科學。

了解食物背後的科學觀念之後，你就能做出更健康、更美味的料理。學會川燙和冰鎮蔬菜之後，你就不用再忍受糊糊爛爛的蘿蔔了。你也學到沙拉醬的製作方法，現在可以享受每一口脆爽的生菜。對於最不喜歡的食物，只要懂得帶出隱藏的風味，就能變成最愛吃的東西。

在料理的過程中遇到問題時，你要繼續秉持研究精神。當你在鍋子裡發現奇怪或是有趣的事，不妨把你想到的問題寫下來。「學習資源」章節中提供了許多關於食品科學的書籍和網站，可以供你參考；你也可以自己設計實驗，找出問題的解答。也別忘了看看推薦的食譜書和網站，這個世界上充滿各式各樣迷人的食譜，就等著你動手做出來，大快朵頤！

附錄

學習資源

故事書

《麵包師傅沃爾特》（*Walter the Baker*，暫譯），艾瑞・卡爾（Eric Carle）著

這是一本給小小孩的故事書，書中介紹了用牛奶和水做出來的酵母麵包有什麼不同。

《巨無霸果醬三明治》（*The Giant Jam Sandwich*，暫譯），約翰・弗農・洛德（John Vernon Lord）著

這是個十分有趣的故事，描述某個村莊為了對抗大量入侵的黃蜂，烤出一條巨大無比的麵包，結果會如何呢？

《巫婆奶奶》（*Strega Nona*），湯米・狄波拉（Tomie dePaola）著，上誼文化

大個兒安東尼偷偷用了巫婆奶奶的魔法製麵鍋，結果惹出了大麻煩……。

《小紅母雞做披薩》（*The Little Red Hen Makes a Pizza*，暫譯），菲勒蒙・史特傑斯（Philomen Sturges）、艾米・沃羅德（Amy Walrod）著

這是經典故事《小紅母雞》的現代改編版本。在故事中，小紅母雞照著步驟做出一個巨大無比的披薩，並且和其他不會廚藝的朋友們一起分享。

食品科學參考書

《馬鈴薯拯救了一鍋湯？：136個廚房裡的科學謎題》（*What Einstein Told His Cook*，臉譜）、《料理科學：大廚說不出的美味祕密，150個最有趣的烹飪現象與原理》（*What Einstein Told His*

Cook 2，采實文化），羅伯特・沃克（Robert L. Wolke）著

這兩本書透過簡練的短文，介紹日常料理中的科學觀念，文筆風趣幽默，會讓讀者捧腹大笑。

《料理實驗室：每一道美味，都是有趣的科學遊戲》（*The Food Lab*），傑・健治・羅培茲奧特（J. Kenji Lopez-Alt）著，悅知文化；《料理的科學：50個圖解核心觀念說明，破解世上美味烹調秘密與技巧》（*The Science of Good Cooking*），美國實驗廚房編輯群著，大寫出版

這兩本書提供了豐富有趣的背景知識，推薦給充滿好奇心，想要進一步探索食品科學的大人。

食譜書

《奶油麵粉糖雞蛋：異想天開的美味甜點》（*Flour Sugar Eggs: Whimsical Irresistible Desserts*，暫譯），蓋爾・甘德（Gale Gand）、瑞克・特拉蒙托（Rick Tramonto）、茱莉亞・莫斯金（Julia Moskin）著

我的烘焙必備食譜書，裡面有製作全麥香蕉麵包、焦糖捲和覆盆子法式土司的超讚食譜。

《瑪莎史都華私房餅乾：獨享招待都完美的175種食譜》（*Martha Stewart's Cookies: The Very Best Treats to Bake and Share: A Baking Book*，暫譯），《Martha Stewart Living》雜誌著

每當想做點餅乾時，我都會參考這本書。書中的目錄上就有一系列的餅乾照片，方便小孩挑選看起來最好吃的餅乾，動手烤烤看。我的薑餅食譜靈感就是來自這本書。

《廚藝之樂：【飲料・開胃小點・早、午、晚餐・湯品・麵食・蛋・蔬果料理】：從食材到工序，烹調的關鍵技法與實用食譜》（*Joy of Cooking*），厄爾瑪・隆鮑爾（Irma S. Rombauer）、瑪麗安・隆

鮑爾・貝克（Marion Rombuer Becker）、伊森・貝克（Ethan Becker）著，健行出版

這本書詳細介紹數百種料理技巧，還有4,000多款食譜，幾乎可以解答所有與烹飪相關的問題。如果你不確定南瓜要怎麼烤，或是想自己做一個全蛋蛋糕，看這本書就對了。我自己的那一本上面充滿噴到跟沾到的痕跡，還塞滿了索引貼。

《憤怒鮭咖啡店筆記：朋友、食譜與永續文化》（*Angry Trout Café Notebook: Friends, Recipes, and the Culture of Sustainability*，暫譯），喬治・威爾克斯（George Wilkes）著

The Angry Trout是一家超棒的餐廳，位於明尼蘇達州的北端。他們的食譜書有全世界最棒的沙拉醬做法，也是各種魚料理和巧達濃湯食譜的寶庫。我的沙拉醬食譜靈感就是來自他們。

網站

Choose My Plate
（www.choosemyplate.gov）
美國政府提供的健康飲食指南，裡面有一個很棒的兒童網站，提供各種遊戲和活動。

Scientific American
（www.scientificamerican.com/education/bring-science-home/）
收錄美國《科學人》（*Scientific American*）雜誌提供的簡單科學實驗，適合6到12歲的孩子，可以在家裡進行。

Steam Powered Family
（www.steampoweredfamily.com）
提供眾多免費的科學實驗靈感，包括40種可以吃的科學實驗。

Steve Spangler Science

（www.stevespanglerscience.com）

提供有趣又簡單的STEAM實驗，還有清楚的教學影片。

Coffee Cups and Crayons

（www.coffeecupsandcrayons.com）

可以自己動手製作並加上藝術裝飾的廚房科學實驗，做完也可以吃喔！

We Are Teachers

（www.weareteachers.com/edible-science/）

難度比較高的食物科學實驗，內容包括原子和DNA模型等。

Exploratorium

（www.exploratorium.edu/cooking/candy/sugar-stages.html）

這篇文章詳細說明了糖果在各個階段的神奇變化。

The Kitchn

（www.thekitchn.com）

有許多探索食物和食品科學的文章及食譜。

Epicurious

（www.epicurious.com）

這是一個提供查詢的資料庫，可以搜尋到曾在《*Gourmet*》和《*Bon Appetit*》雜誌發表過的每一篇食譜，包括凱瑟琳・薩克斯（Katherine Sacks）所寫的巧克力覆盆子舒芙蕾食譜。

BritCo

（www.brit.co/flavored-butter/）

由BritCo公司提供的調味奶油食譜。

Realtor Magazine

（ magazine.realtor/home-and-design/guide-residential-styles ）

《*Realtor Magazine*》房地產經紀雜誌的住宅風格指南，可以用來找薑餅屋的靈感。

Smitten Kitchen

（ smittenkitchen.com ）

這是一個料理網誌，裡面有一些世界上最美味的食譜。

組織機構

Institute of Food Science + Technology

（ www.ifst.org/lovefoodlovescience/resources ）

由食品科學與技術研究所提供「愛食物、愛科學（Love Food Love Science）學習資源，有多達三十幾種進階的食品科學實驗。

The American Chemical Society

（ www.acs.org ）

美國化學學會，由一群經驗豐富的化學老師組成，他們在網站上分享大量免費的實驗靈感，其中很多都和食品科學有關。

Science Buddies（ www.sciencebuddies.org ）

提供眾多可以在家進行的實驗，包括用粗粒玉米粉、沙子和水製作河流模型。

詞彙表

吸收：把液體吸到內部。

酸：吃起來有酸味的化學物質，能燒穿東西。

農學：研究如何種植作物的科學。

分析：仔細研究事物，找出其中的意義。

阿基米德原理：放入水中的物體會受到一股向上的力，大小等同於該物體排開的液體重量。

建築學：設計及建造建築物的科學。

人工：由人類製造，而非天然的東西。

藝術：創作作品，包括繪畫、素描、寫作、舞蹈、音樂和戲劇。

細菌：非常微小的單細胞生物。

鹼：摸起來滑滑的化學物質，濃度很高時可以分解物質。

岩床：位於地表土壤之下的堅硬岩石。

生物學：研究生命的科學。

生物發光：生物發出亮光的現象。

生物科技：運用在生物上或與生物有關的科技。

川燙：用滾水煮一小段時間。

卡路里：計算食物含有多少能量的單位。

熱量計：計算一份食物中含有多少卡路里的機器。

毛細作用：水在管狀物體內往上或往下移動的現象。

碳酸化：將氣態二氧化碳加入飲料，在液體中產生氣泡的過程。

模鑄化石：岩石取代生物遺骸後形成的化石。

催化：加快化學反應的速度。

化學變化：分子中的原子出現變化或移動，形成新的化學物質。

化學工程：應用在化學物質上的工程技術。

化學反應：分子出現變化。

化學：研究物質以及物質如何反應和變化的科學。

葉綠素：植物中的一種分子，可以吸收太陽光的能量，轉化成醣。

色層分析法：運用紙或其他材料來分離混合物的科技。

冰鎮：將剛煮好的食物泡入冰水中，中斷烹煮的過程。

色相環：呈現出不同色彩間相互關係的圓圈。

燃燒：燃料與氧氣發生反應的化學變化。

傳導：熱透過物質移動的現象。

對照組：實驗品的另一個版本，除了要測試的變因之外，其他條件都和實驗品一模一樣。

晶體：分子依照固定形狀排列的固體。

烹飪：料理食物或做菜等相關活動。

培養：在控制條件的情況下讓細菌或其他微生物增加。

凝乳：牛奶固化後變成的起司。

變性：破壞分子的形狀。

密度：質量與體積的比率。

密度柱：裝有很多層不同密度的液體之圓柱體。

設計流程：工程上解決問題的步驟。

解剖：將某物分開。

DNA：生物基因編碼的分子，每個有機體的DNA都不同。

地球科學：對地球岩石和天氣的研究。

有效率：在最短的時間內獲得最大的結果。

引擎：一種利用燃料運作的機器。

工程：設計、建造和解決問題的科學。

酵素：一種能催化化學變化的蛋白質。

萃取：分離出來。

黃素：讓紫甘藍湯呈現紫色的分子。

化石：久遠以前的生物留存下來的遺骸。

菌類：從孢子長出的生物，包括酵母、菇類和黴菌。

點綴配料：裝飾擺盤的食物。

氣體：分子可以分散得很遠、填滿任何容器的物質。

幾何學：與圖形有關的數學。

冰河：像山一樣巨大沉重的冰。

全球氣候變遷：人類行為對全球氣候造成的變化。

重力：將兩個物體互相拉近的力，特別是拉向地球的力。

高滲透壓溶液：含有高濃度的鹽、糖或其他溶解物質的溶液。

假設：根據科學所做的預測。

低滲透壓溶液：含有低濃度的鹽、糖或其他溶解物質的溶液。

冰河期：歷史上冰河覆蓋了地球大部分區域的寒冷時期，發生在240萬年前到1萬1千年前。

火成岩：熔岩或岩漿冷卻形成的岩石。

熔岩：地表的液態岩石。

膨脹劑：能讓麵糊或麵團在料理過程中膨脹的東西。

槓桿：可以用來移動重物的棍子。

液體：分子之間可以彼此滑動及流動的物質。

岩漿：地底下的液態岩石。

質量：表示物體中含有多少物質（在地球上，質量和重量相等）。

數學：數字的語言。

物質：任何實體的東西。

機械工程：關於機械的工程學。

變質岩：在高溫或高壓下形成的岩石。

微生物學：關於微小有機體的研究。

混合物：兩個或更多個組合在一起但很容易分離的東西，因為它們沒有發生化學變化。

模型實驗：對於規模較大或較複雜的過程或事情，做出規模較小或簡化的模擬版本。

印模化石：生物遺骸分解之後在岩石內留下的空洞。

分子料理：著重物理變化和化學變化的食品科學。

分子：一群以特定形狀和比例連結在一起的原子。

媒染劑：幫助染色的化學物質。

天然：來自大自然，而非人造的東西。

光學：光的物理學。

有機體：生物的個體。

滲透：水進入或離開生物體內的現象。

果膠：水果中的一種分子，能讓果醬變成凝膠狀。

元素週期表：根據物理和化學特性整理出宇宙中所有元素的圖表。

酸鹼值：又稱pH值，是代表溶液中酸性物質（也就是H3O+離子）濃度高低的數值。

酸鹼指示劑：與酸或鹼混合時會改變顏色的化學物質。

相變：從固體變成液體、液體變成氣體的變化過程。

光合作用：植物將太陽能、水和空氣轉化成食物的過程。

物理變化：化學物質的外形出現變化，但其中的分子沒有變化。

物理特性：化學物質不涉及化學變化的特性，例如沸點、密度或質地等。

物理學：關於物質和能量的科學。

色素：帶有顏色的分子。

橘絡：柑橘類水果裡面的白色纖維。

多面體：由許多平面形狀組成的立體物體。

實體化石：保留完整整體的化石。

原色：無法透過混合其他色彩來調出的顏色/可以混合出其他色彩的顏色。

蛋白質：由胺基酸鏈所構成的大分子。

原型：為準備要建造的東西所做的第一個模型。

心理學家：研究人類心理的科學家。

克索布蘭可乳酪：一種簡單而新鮮的起司。

輻射：來自某物的能量，例如來自太陽的光和熱。

比例：兩種以上原料的相對份量。

結果：在實驗中的發現。

科學：透過觀察現象、分析資料和找出模式來認識世界。

科學方法：一系列可用來解答科學問題的步驟。

間色：可以用其他色彩混合出來的顏色。

沉積岩：由鬆軟的泥土、沙子和石頭一層層堆疊形成的岩石。

固體：分子不能任意移動的物質。

溶液：含有一種或多種分子並溶解均勻的液體。

晶球化：將某些東西（例如液體）變成球體。

澱粉：由醣鏈所構成的大分子。

科技：用來解決問題的科學。

增稠劑：添加到食物中，讓食物變稠的化學物質。

生痕化石：生物活動留下的痕跡，例如腳印。

體積：物體所佔的空間。

乳清：在製作起司的過程中剩下的液體。

謝辭

　　萬分感謝奧莉・祖拉維奇（Orli Zuravicky）和Callisto出版社的同仁發想這本美妙的書，謝謝你們選擇讓我來執筆，用你們的創意和專業讓它化為實體。

　　謝謝我可愛的孩子們試做這些食譜，謝謝容忍力超高的老公在50次實驗之後負責清理廚房，也謝謝我家族中所有帶領我在廚房找到樂趣的堅強女性：奶奶，她對美式菜餚無所不知，讓我們家族度過美好豐足的94個年頭；庫諾家姊妹，她們對烘焙的熱情，讓派成為家族聚會隔天無可替代的早餐食物；還有我的母親，她用極具實驗精神又少不了健康食物的菜餚將我養大。謝謝你們。

線上讀者回函

立即掃描 QR Code 或輸入下方網址，連結采實文化線上讀者回函，未來會不定期寄送書訊、活動消息，並有機會免費參加抽獎活動。

https://bit.ly/37oKZEa

童心園 童心園系列 245

小學生STEAM廚房科學創客教室：
5大主題X50款料理，成為廚房裡的小小科學家
Awesome Kitchen Science Experiments for Kids: 50 STEAM Projects You Can Eat!

作　　　　者	梅根・奧莉薇亞・霍爾（Megan Olivia Hall）
攝　　　　影	珮吉・格林（Paige Green）
譯　　　　者	穆允宜
責　任　編　輯	鄒人郁
封　面　設　計	黃淑雅
內　文　排　版	尚騰印刷事業有限公司

童　書　行　銷	張惠屏・吳冠瑩・張芸瑄
出　　版　　者	采實文化事業股份有限公司
業　務　發　行	張世明・林踏欣・林坤蓉・王貞玉
國　際　版　權	林冠妤・鄒欣穎
印　務　採　購	曾玉霞
會　計　行　政	王雅蕙・李韶婉・簡佩鈺
法　律　顧　問	第一國際法律事務所　余淑杏律師
電　子　信　箱	acme@acmebook.com.tw

采　實　官　網	www.acmebook.com.tw
采　實　臉　書	www.facebook.com/acmebook01
采實童書粉絲團	https://www.facebook.com/acmestory/
I　S　B　N	978-986-507-747-1
定　　　　價	350元
初　版　一　刷	2022年6月
劃　撥　帳　號	50148859
劃　撥　戶　名	采實文化事業股份有限公司
	104台北市中山區南京東路二段95號9樓
	電話：(02)2511-9798
	傳真：(02)2571-3298

國家圖書館出版品預行編目（CIP）資料

小學生STEAM廚房科學創客教室：5大主題X50款料理,成
為廚房裡的小小科學家 / 梅根.奧莉薇亞.霍爾(Megan Olivia
Hall)作 ; 穆允宜譯. -- 初版. -- 臺北市 : 采實文化事業股份有
限公司, 2022.06
　面 ;　公分. -- (童心園系列 ; 245)
譯自 : Awesome kitchen science experiments for kids : 50
STEAM projects you can eat!
ISBN 978-986-507-747-1(平裝)
1.CST: 科學實驗 2.CST: 通俗作品
303.4　　　　　　　　　　　　　111001710